末日-生命的秘密

謝傳倫 著

博客思出版社

紫 384 Thz – 769 Thz

藍 610 Thz – 659 Thz

綠 520 Thz – 610 Thz

黃 503Thz – 520 Thz

橙 482 Thz – 503 Thz

紅 384 Thz – 482 Thz

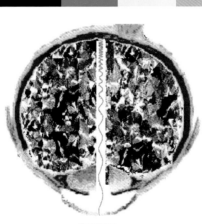

眼睛　EYE

384 Thz – 769 Thz

WAVE

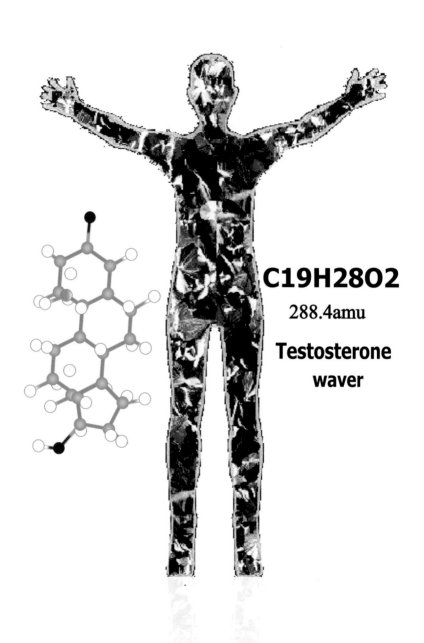

C19H28O2

288.4amu

Testosterone
waver

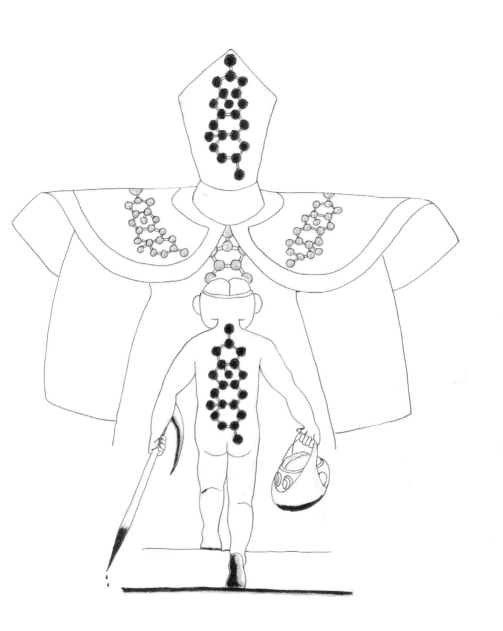

WAVE SPECTRUM

CONDENSATION WAVE → FALSE ATOM

10^{15} HZ VIBRATION

$10^{15} \times 10^{15}$ FALSE ATOM HZ

10^{12} HZ-10^{18} EHZ TEMPERATURE

10^{14} PHZ-10^{15} PHZ VISIBLE

20HZ-20000HZ SOUND

THE VIBRATOR LAST

生命是一場騙局，生命是一場不得不然，

不得不自我詐欺，無奈的騙局！

所謂的生命的一整個過程是一場不斷用九個感覺器官的滿足以「證明存在」的自我詐欺，就因為真相是什麼都不存在，所以要不斷地以九個體器官需求的滿足來證明「生命存在」。

九個體器官，即耳、眼、膚、鼻、手、嘴、腹、陰、腦，其實是九個波段波相電磁波訊息的接收感應器，耳朵所聽得的所謂聲音是最低振幅的波，而眼睛所觀看到的所謂光亮與色彩就是振幅高於聲音的波，皮膚所感覺到的所謂溫度也是波；其實這個所謂的生命世界根本沒有「熱」，也就是根本沒有所謂的溫度存在，在生命體以外，在九個感覺器官以外的真實狀態是不同波長頻率的訊息波signal-wave，就連鼻子所吸嗅的氧氣，嘴口所喝飲的水，雙手所捧拾的黃金與鑽石也是假原子凝聚態密集的波，而這些不同波段波相的訊息波或可全稱之為「電磁波」！

不同波段波相的「訊息波signal-wave」（或稱電磁

波）是以命令信號是以「通知inform」的形式讓生命體產生不可逆的認知反應，而所謂的「熱」其實就是生命體接收訊息波之後所對應解釋並在自體上進行轉換而產生出的偽知覺，在生命體以外的真實樣貌全部都是「波」，根本沒有「熱」這個現象，所謂的「熱」是生命體對應解釋與轉換波訊息後產生在自體上的造假內覺，生命體九個體器官的知覺全部都是經過轉換機制變造後造假的自體內覺，生命體以外存在的是不同波段波相的訊息波，根本沒有所謂的聲音，沒有光亮，沒有色彩，沒有溫度，沒有氣味，也沒有任何形體與及所謂的空間重量！

　　聲音、光亮、色彩、溫度、氣息、形體、味道、空間、重量的感覺全都是生命體將「波訊息signal-wave」接收後在自體上所對應解釋並進行轉換所產生出的內部「偽知覺」，九個體器官的知覺全是經過轉換機制變造後產生在自體內造假的偽覺偽象，這種將電磁波訊息轉換成為呈現在眼睛內所謂的「光亮」，所謂的「色彩」，所謂的「形體」等自體內部偽知覺的機制稱為「轉波定影translate signal-wave into fake-real」；聲音、溫度、氣味、空間、重量的感覺都是「轉波定影」機制下生命體自體上的偽知覺，生命體自體「轉波定影」機制的效用是企圖製造生機，求取生命存在的術法，這種將波訊息轉換成自體內偽知覺的作用來自於生命體內「特司它司特榮晶體

Testosterone」的對應解釋和轉換遮蔽。

　　存在的是一場極度振盪求取生機的波動，根本不是也沒有實體物質，而所謂的萬生萬物是一場波動之下的波形波影，九個體器官所聽，所看，所感，所嗅，所觸，所嚐的全都不是實體物質，所謂的「實體物質」其實是假原子凝聚態波形密集的電磁波，生命體的耳所聽是波，眼所看是波，膚所覺是波，鼻所嗅是波，嘴所食是波，就連雙手所觸碰的黃金鑽石也是波！

　　所謂的生命其實是一場以完美波形式的體驗來做為「生命是存在」的證明的過程，耳朵慾聽樂聲，眼睛慾看艷麗，膚體慾覺溫暖，鼻子慾嗅芳香，嘴舌慾嚐鮮甜，九個體器官所慾求的其實全部都是特定範圍的完美波形，因為生命體內的「特司它司特榮晶體」所振盪出的內部信號源會對應所有的波形，而所謂的黃金鑽石與婀娜多姿的裸體正是完全符合完美波形的對應定義，生命體是註定喜愛黃金，註定喜愛鑽石，註定喜愛婀娜多姿的裸體！

　　「罪惡」是對應作用下必然且註定的現象，「罪惡」是追求美麗波形式必然發生的結果，最漂亮的其實就是最醜陋的，最美麗的其實就是最骯髒的，為了要符合完美波形的對應，生命體一定會用盡詭計去爭求無以計數的黃金，一定會使出伎倆去掠取無以計數的鑽石，生命體也一定會受驅使受逼迫地去施行各種手段以完成姦淫婀娜多姿

裸體的體驗！

　　所謂的生命其實是一場空無之中的波動，而波動的背景其實是「連沒有也沒有」，一個企圖求取生機的意識形成了極度振盪的波動，而所謂的生命正是這一個波動之下的分形分影，在波動狀態下的所謂生命的真相其實是一場「自瀆自悅」，「自殘自虐」的夢寐，波動狀態下的所有分形分影要以各種現象來證明「生命存在」，所有分形分影的凝聚態生命體為了要滿足九個特定完美波形式的對應必然會產生所謂的「罪惡」；分形分影的生命體一定會喜愛聽得悅耳，觀得艷麗，覺得溫暖，嗅得芳香，觸得柔順，嚐得甘甜，食得飽足，分形分影的生命體一定會喜愛黃金鑽石，也一定會爭奪黃金鑽石，分形分影的生命體一定會喜愛婀娜多姿的裸體，也一定會慾想姦淫婀娜多姿的裸體，為了要滿足九個完美波形的對應，這一個由波動造生作用所實現的所謂生命世界一定會有不可思議，光怪陸離，痛苦難堪的所謂「罪惡」！

　　不能沒有這一個即使是造假的生命世界，因為無生最苦，不能沒有這一個即使是造假的生命世界，因為無生最悲！

　　無波不生，無生不罪，這就是所謂的「生命」，生命是一場騙局，一場為了求取生機無奈的騙局！

目　錄

壹

悲憐

壹　悲憐

悲憐別人就是悲憐自己

Be mercy is the heaven

眼睛所看見到的世界其實並不是一個真實的樣貌，眼睛所看見到的光影、色彩、形體是經過一個轉換機制所變造後投映在自體內部的假現象。

看似多姿多彩，多形多樣的所謂生命世界是經過了一種轉換作用的變造後投映在自體內部的顯影，這個所謂的生命世界有二個狀態，二張臉，一個是眼睛所看見和體器官所感覺到的狀態，眼睛所看見和體器官所感覺到的所謂生命世界-有色彩，有形體，有光影，有溫度，有氣味，有空間，有重量，可是這個從眼睛和體器官所感受到的狀態是一個經過變造後做假的自體內偽象；未經轉換的真實原貌和真正的本相是「波動」，在這個真實本相的狀態裏，所謂的生命世界是不同波長頻率的波動，這個波動本

相-沒有色彩，沒有形體，沒有光影，沒有溫度，沒有氣味，什麼都沒有，只有波，只有不同波長頻率的訊息波，而這個不同波長頻率波動的狀態才是所謂生命世界真實的樣貌。

電磁波是這一場波動的名稱，生命世界的真實狀態就是不同波長頻率電磁波的波動，所謂的生命是一場求生意識的實現，以不同波長頻率的電磁波實現對生命的渴望，所謂的生命其實是不同波長頻率的電磁波，生命體眼睛和所有體器官所感應到的現象全部都是電磁波，眼睛所看見到的光影色彩是電磁波，耳朵所聆聽到的樂音聲響是電磁波，皮膚所感覺到的冷暖溫度是電磁波，鼻子所嗅聞到的腥香氣息是電磁波，雙手所觸碰到的物質形體是電磁波，嘴舌所嚐食到的苦甜味道是電磁波，生命體一身體器官所有的感覺感應全都是接收電磁波，不同波長頻率的電磁波，造成不同的感覺感受，而其實就連生命體的本身也是不同波長頻率所凝結成形的電磁波體WAVER。

是的，所謂生命的原形就是電磁波，這一個所謂的生命世界並不是實體，而是由不同波長頻率的電磁波造成感應上的差異，存在的是波，而不是實體！

實體是假象，是生命體自體轉換電磁波訊息後所變造的偽知覺，生命體將電磁波訊息在自體內部進行轉換，於

是不同波長頻率的電磁波全都變造成自體感應的所謂光，所謂色彩，所謂音聲，所謂溫度，所謂氣味，所謂形體，所謂的生命世界是不同波長頻率電磁波所製造的現象，生命世界是電磁波仿真仿實的現象，生命體自體一定要變造電磁波，一定要轉換電磁波成為色彩，成為實體，成為感覺感受，因為這是自證生命的唯一企圖，生命體必須要-「造假」。

　　實體不能無中生有，但是波可以，波可以製造仿真仿實的假物質，波可以無中生有，這是一個電磁波凝結成的生命世界，電磁波凝結成土，電磁波凝結成水，電磁波凝結成氧，電磁波凝結成萬生萬物，生命世界是一個自體的分裂，眼睛所看見到的所謂生命世界是一場不得不然，不得不造假的無奈，而實現生命最大的無奈是不得不自體分裂，從電磁波的本相觀省所謂的生命，其實是一個自我的分割分裂，分影分形，從電磁波波動造生的本相觀想所謂的生命根本是一場自己殺害自己，自己吞噬自己，自己姦淫自己的無奈夢境。

　　自體分割是最大的無奈，要實現生命就必須要分裂自我，而所有分裂的個體必然要實現與執行求生的意識，分裂的個體將會吞食另一個自己，分裂的個體將會殺害另一個自己，分裂的個體將會姦淫另一個自己！

　　眼睛看似萬生萬物的世界其實全是一個自體的分裂，而每一個分裂的個體之內都有一組執行求生意識的凝聚態晶體，這一組晶體在生命體所振盪產生出的內部信號源會遮蔽電磁波的原貌，並將電磁波訊息轉換成自體內感覺到的所謂色彩，所謂音聲，所謂溫度，所謂氣息，所謂口味，所謂形體，這一個晶體信號源的振盪效用還給予所謂的生命體一身漂亮耀眼的外貌，美妙婉轉的歌聲，並且還給予生命體辨識知覺與求生的智慧能力，這一組晶體叫做「特司它司特榮TESTOSTERONE」。

　　「特司它司特榮TESTOSTERONE」是指引電磁波體WAVER 也就是生命體執行求生能力的晶體，特司它司特榮TESTOSTERONE也是分割意識，造成分形分體，個別獨立意識的振盪晶體，電磁波波動造生作用下的所謂生命世界就是特司它司特榮TESTOSTERONE所完全控制的世界，就因為它才能開出紅艷的玫瑰，也因為它才能鳴唱悅耳動聽的樂聲，所有的漂亮與美麗全都是它得意的傑作，而所有所謂的醜陋與罪惡也全都是它的賞賜，就是它讓生命體產生分別分裂的個別意識，就是因為它生命體才能狠心地殺害另一個自己，也就是因為「特司它司特榮TESTOSTERONE」生命體才能狠心地吞食另一個自己，姦淫另一個自己。

生命有二張臉，一張是經過轉換不得不自我詐欺造假的臉，而另一張真實的本相卻是無色、無影、無聲、無形、無味、無體的波動，生命是掙脫空無，從「連沒有也沒有」的真空中掙脫而出的求生意識，生命是一場完全註定的無奈，卻又不得不如此的無奈。

生命無一不病，生命無一不罪，生命體上的耳、眼、膚、鼻、手、嘴、腹、陰、腦，是九個波段波相的接收感應器，而九個體器官需求的滿足是證明「生命存在」的必然做為，但是就因為要滿足九個體器官的特定範圍需求所以產生出個體與個體之間彼此傷害的所謂罪惡，所有的罪惡都是為了要滿足九個體器官的特定需求。

可是眼睛和體器官所感應到的這一個世界並不是一個實體，所有的感覺感受全是經過「轉波定影」機制變造後呈現在自體內的偽象偽覺，九個體器官所接收感應的其實是九個波段波相的電磁波，撤除了「轉波定影」的造假機制，撤除了「特司它司特榮」，如果生命體還能成形，如果眼睛還能看得到，耳朵還能聽得著，那麼所謂的生命世界將會是驚駭的景相，原來什麼都沒有，只有波，只有不同波長頻率的波，在這一場波動中，其實是自己和自己對話，在這一場波動中，其實是自己和自己交談，什麼都沒有，只有自己和自己的自言自語。

　　生命可以說是一場自我詛咒，也可以說是一場自我的精神分裂，在分形分識的狀態下受分割的形體會吞噬掉另一個自己，會殺害另一個自己，會姦淫另一個自己，每一個分裂的形體都不會知道眼前所鄙視的其實是另一個自己，每一個分裂的形體都不會知道口中所嘲諷的其實是另一個自己，每一個分裂的形體也不會知道用狡詐詭計去迫害的生命其實是另一個自己，而到了最後所有用狡詐詭計去掠奪到的金銀財寶全都握不住，什麼也都霸佔不了，原來所謂的生命只是一場電磁波的聲光大秀，一場自己欺騙自己的騙局！

　　生命原來是一場自己演給自己看的戲

生命的本質

貳　生命的本質

生命從何而來？生命為何存在？

罪惡從何而起？罪惡為何存在？

一、生命從何而來 Where is life from？

》生命是一場從自我悲憐而生波動作用的假世界

根本就沒有所謂的彩虹，可是眼睛卻看到了所謂的七色虹彩，這是因為生命體自體內的造假，眼睛看到的這一個所謂生命世界是個造假的現象，眼睛裏所呈現出的所謂光亮、色彩、形體是經過轉換機制變造後顯示在自體之內的偽知覺，耳、膚、鼻、手、嘴、腹、陰、腦，八個體器官感應到的所謂聲音、溫度、氣息、形體、口味、空間、重量，也都是經過轉換機制變造後呈現在自

體內部的偽知偽覺！

　　生命體九個感覺器官的知覺都是經過轉換作用變造後的自體內訊息，也就是說所謂的生命是一場騙局，其實在生命體九個感覺器官之外的真實狀態是無聲、無光、無色、無形、無溫、無味、無體、無空間、無重量的「波動」，波動才是所謂生命世界真正的本相，所謂的物質其實是波動狀態裏波形密集的凝聚波態，而所謂的生命體就是這一場波動狀態裏波形更為密實密集的「凝聚態軀殼」。

　　正因為是不同波動的狀態所以才會顯現出所謂不同樣貌的物質，所謂的水是波，所謂的氧氣也是波，不僅僅所謂的光和色彩是波，就連所謂的黃金與鑽石也是波，所謂的水、氧、黃金、鑽石都是波，假原子形式的波；在名稱上光和色彩是不同波長頻率波相位差的電磁波，那麼所謂的水、氧、黃金、鑽石就是波形較為密集的凝聚態電磁波，而所謂的生命的運作真相就是「凝聚態軀殼」接收和感應不同波相的電磁波，並將各個不同波相的電磁波訊息轉換成軀殼內部一個感覺上仿真仿實的擬生顯像狀態。

　　生命體其實就是假原子形式的「凝聚態軀體」，又或者說所謂的碳基蛋白質形式的生命體就是電磁波波形最為密集的凝聚態，所謂的生命體其實就是電磁波體，在波

動背景場裏的「凝聚態軀體」就是將不同波相的電磁波訊息接收後在自體內部進行「轉波定影」的變造工作，也就是把不同波相的電磁波訊息轉換成為軀殼自體內所謂的聲音、光亮、色彩、溫度、氣息、口味、形體、重量、空間的偽知覺；生命體所有的感應都是「轉波定影」機制變造後呈現在自體內部的偽知覺，眼睛所看到的所謂光、色彩、形體其實都是不同波相電磁波訊息的轉換，生命體九個體器官所感應和接收到的全都是不同波相的電磁波，嘴口所喝飲的水是電磁波，鼻子所吸嗅的氧是電磁波，雙手所持捧的黃金與鑽石也是電磁波，所謂的生命其實是波動背景場裏「凝聚態軀體」將不同波長頻率的電磁波訊息接收後經過「轉波定影」機制的變造成為自體內部如真如實的擬生偽知覺。

$$\lambda = W/p = W/W\nu \ , \ \lambda = W(h)/p = W(h)/w(m)\nu$$
$$6.626 \times 10^{-34} J\text{-}s = 288.4 amu/WAVE\nu \ \ (h = ts \ / \ W\nu)$$
$$m = WC^2 \ \ E = W\nu$$

存在的是「波」，不是實體，波動背景場裏是以不同波相的電磁波訊息signal-wave呈現出不同樣貌的所謂物相，所謂的物質其實本相都是波，或者說是凝聚態的電磁波，所謂生命世界的真實本相是一場無聲、無光、無色、

無形、無溫、無味、無體、無空間、無重量的「波動」，其實這一場「波動」根本沒有質量，也沒有所謂的能量，質量與能量的感覺是「凝聚態軀殼」自體內「轉波定影」作用所變造後的偽知覺！

「轉波定影」就是「凝聚態軀殼」將所接收到的電磁波訊息變造成為呈現在眼睛裏的所謂光亮、色彩、形影，而呈現在其它八個體器官的所謂溫度、氣息、物體、口味、重量、空間的感覺也都是「轉波定影」機制將電磁波訊息變造後軀殼自體內部的偽知覺，凝聚態生命體內的「轉波定影」機制是製造所謂生命世界的重大術法，「轉波定影」機制是實現所謂生命的關鍵。

在波動背景場裏存在的是不同波段波相的波動，根本沒有實體物質，所謂的生命體是波動背景場裏進行感應的軀殼，彷彿無止無數的形體和軀殼其實都是一個波動狀態下分裂的波形波影，生命最天大的秘密就是波動造生狀態下的世界其實是「自己砍殺自己」、「自己姦淫自己」、「自己吞噬自己」、「自己謀害自己」的現象，從眼睛看到的現象所殺，所姦，所噬，所害的是另一個形體，但是從波動的本相裏觀省所謂的生命其實就是一場自殺，自姦，自噬，自害。

根本沒有所謂的光亮，光是「凝聚態軀殼」自體內

的偽知覺，根本沒有所謂的色彩，色彩是凝聚凝軀殼自體「轉波定影」機制所變造後的偽知覺，也根本沒有所謂的「熱」能量，「熱」這一個現象是凝聚凝軀殼自體轉波定影機制所變造後呈現在軀殼內的偽知覺，波動背景場裏只有不同波長頻率的電磁波訊息，而波動背景場裏的運作方式就是以不同波段波相的電磁波訊息通知inform假原子形式的「凝聚態軀殼」進行「轉波定影」的變造工作，然後在自體內部製造出一個有光亮有色彩有溫度的偽覺偽象，並且用偽覺偽象以企圖實現「生命是存在」的目的。

二、生命為何存在 What is life for？

》生命是一場以感應特定波形為求生機的病世界

為什麼生命體總是要聽得悅耳，看得艷麗，覺得溫暖，嗅得芳香，觸得柔順，嚐得鮮甜，食得飽足，殖得悵歡，識得優越？那是因為九個體器官需求的滿足是「生命存在」的證明！

所謂的生命其實是一場空無之中的波動，這一個所謂的生命世界並不是一個真實的物質狀態，而是以不同波相

所呈現的假世界，所謂的生命體是證明「生命存在」的感應工具，波動背景場裏的所謂生命體是按照「感應波動」狀態所完成實現的形體，所謂的耳、眼、膚、鼻、手、嘴、腹、陰、腦九個體器官其實就是九個波段波相的接收感應器，這九個感應器各自接收特定範圍的波訊息，並以這九個特定範圍波相的電磁波訊息的感應做為「生命是存在」的證明。

　　波動背景場裏的生命體全都是有病的軀殼，這個病症叫做「特司它司特榮嗜波強迫症Testosterone wave-addict syndrome」，所謂的生命體無一不是「嗜波強迫症」的絕症病患，生命體的耳朵嗜好聽曲韻合諧的樂音就是病，眼睛嗜好看嬌媚艷麗的形影就是病，膚體嗜好覺和煦溫暖的溫度就是病，鼻子嗜好嗅馨香芬芳的氣息就是病，雙手嗜好觸柔順舒適的感覺就是病，嘴舌嗜好嚐鮮嫩甘甜的口味就是病，腹肚嗜好食營養豐富的飽足就是病，陰下嗜好得愁歡悵悅的遺殖就是病，腦部嗜好覺優越高等的自識就是病，就連所謂的喝水與呼吸也是「嗜波強迫症」的病狀！

　　「凝聚態軀殼」的九個體器官其實是九個波段波相電磁波訊息的接收感應器，所謂的樂音、艷麗、溫暖、芳香、柔順、鮮甜、飽足、悵歡、優越就是九個感應器所喜愛的特定範圍的完美波形，這九個特定範圍的完美波形是

「凝聚態軀殼」一定要尋求感應的波訊息，凝聚態軀殼的九個感應器就是以這九個特定範圍波形的感應做為「生命是存在」的證明，若是得不到這九個特定範圍波形需求的滿足，凝聚態軀殼會痛苦難堪，而採取暴動罪惡的手段以獲得滿足。

$$288.4 \times 10^{-15} \text{ amu HZ} \begin{cases} c6 - 12.0107 \times 10^{-15} & \text{amu HZ} \\ au79 - 196.96655 \times 10^{-15} \text{ amu HZ} \end{cases}$$

黃金、鑽石與婀娜多姿的裸體就是合乎九個感應器所需要的特定範圍電磁波波形，在波動背景場裏的凝聚態軀殼所聽，所看，所覺，所嗅，所觸，所嚐，所飽，所殖，所識的全都不是實體，而是不同波段波相的電磁波訊息，就連所謂的黃金、鑽石與婀娜多姿的裸體也都是波形密集的凝聚態電磁波，所謂的生命體是天生註定喜愛聽樂音，看艷麗，覺溫暖，嗅芳香，觸柔順，嚐鮮甜，食飽足，殖悵歡，識優越，也天生註定喜愛黃金鑽石與婀娜多姿的裸體，其實九個感應器所嗜好喜愛的全都不是實體物質，而都是早已預設且註定好了的波形對應所致之，凝聚態生命體就是以這一些本相是電磁波的特定範圍波形的感應來做為「生命是存在」的證明。

三、罪惡從何而起 Where is sin from？

》生命是一場爭求美麗波形式證明存在的畜世界

　　「凝聚態軀殼」的一思一行，一舉一動都是罪惡，九個體器官不論任何形態的慾聽，慾看，慾暖，慾嗅，慾觸，慾嚐，慾飽，慾殖，慾識全都是罪惡，就連所謂的喝水與呼吸也都是罪惡，凝聚態軀殼的所有慾求全是因為「特司它司特榮嗜波強迫症Testosterone wave-addict syndrome」的逼迫驅使所引起的病狀。

　　罪惡的發生尤其在雙性雌雄分體生殖形式的「凝聚態軀殼」上最為顯著與強烈，雌雄分體生殖形式的「凝聚態軀殼」是特定美麗波形式的苛求體，雌雄生殖迷體不僅要聽還要苛求聽得悅耳，不僅要看還要苛求看得艷麗，不僅要覺還要苛求覺得溫暖，不僅要嗅還要苛求嗅得芳香，不僅要觸還要苛求觸得服順，不僅要嚐還要苛求嚐得鮮甜，除了一身體器官能上的需求外還要強烈地占有無以計數的黃金鑽石以做為象徵如同孔雀漂亮眩目的羽翼與豹虎斑斕耀眼的皮紋來獲得更多婀娜裸體的甘心雌伏受殖，甚至還要慾想霸占整個世界成為所有軀殼崇敬跪拜臣服的帝王。

　　雌雄生殖迷體無一不是嗜求美麗波形式的畜生，欺窮鄙弱，嫌殘棄貧，甘心或陽奉陰違地臣服在富貴權勢之下唯唯諾諾，仗權附勢，如畜仰食，如犬搖尾，雌雄分體生殖形式的凝聚態軀殼全都是註定嗜求美麗波形的畜生；雌雄生殖迷體的畜生病的症狀就是彼此較強鬥美，爭多比勝，彼此用造謠、謊言、猜疑、嘲訕、偏私、比較、厭惡、苟且、詛咒、剛愎、怨懟、嫌棄、輕蔑、虛偽、算計、輕浮、意淫、鬥毆、傷害、搶劫、偷竊、姦淫、詆譭、詐騙、侵占、誣陷、謀奪、背叛、殺害、戰爭的罪惡來做為生命的內容並且做為生命是存在的證明。

　　「凝聚態軀殼」所有對於美麗波形式的追求都是罪惡，九個體器官的需求無一不是罪惡，罪惡是波動造生作用下一種必然且絕對註定存在的狀態，罪惡來自於凝聚態軀殼上的一種波形對應的機制，這一種對應波形的機制就是引發所謂罪惡的禍源，這個對應機制就是「特司它司特榮理型對應Testosterone ideas match」，凝聚態軀殼要活在波動背景場裏就絕對依靠這一個對應機制，罪惡其實就是這一個對應機制所引發的效果，雌雄分體生殖形式的凝聚態軀殼之間會產生欺窮鄙弱，嫌殘棄貧與較強鬥美，爭多比勝的現象全是因為這一個對應機制所致，凝聚態軀殼之所以會嗜聽樂音，嗜看艷麗，嗜覺溫暖，嗜嗅芳香，嗜

嚐鮮甜，會喜愛黃金鑽石與婀娜裸體就是這個對應機制所產生的功效。

　　「罪惡是證明生命存在的內容」，這一個所謂的生命世界其實是波動作用下仿真仿實的擬生狀態，存在的全是波而不是所謂的實體，所謂的生命世界是一場從連沒有也沒有的空無之中的波動，而所謂的生命就是這一個波動背景場裏的波形波影，每一個假原子凝聚態形式的生命體軀殼所處在的環境是早已預置好的波世界，凝聚態軀殼內存在著一種對應波訊息的機制，這個對應機制來自於「特司它司特榮理型」，這個存在於生命體內的對應機制逼迫著九個體器官一定要尋求特定範圍電磁波波訊息的滿足，它「特司它司特榮理型」除了逼迫生命體一定要聽得好，看得好，吃得好之外，還逼迫要喜愛黃鑽石與婀娜嬌媚的裸體，所有的罪惡就是理型對應下所引發的現象，理型對應作用製造出許許多多不可思議的現象，而其中所有形態的所謂罪惡與所有光怪陸離的事物其實是「證明生命存在」不得不行的無奈。

四、罪惡為何存在 What is sin for？

》生命是一場含括罪愛惡善以證明存在的鬼世界

　　波動作用下所實現的所謂生命是一場無論如何都要證明存在的夢境，波動造生背景場的本相是一個無聲、無光、無色、無溫、無氣、無味、無形、無重量、無空間的狀態，存在的是波，不是實體。

　　什麼是鬼？其實整個所謂的生命世界就是一場波動狀態下的鬼世界，從眼睛看好像有無止無數的形體，從九個體器官的感覺上這是一個真實存在的世界，可是真相並非所見者，也並非所覺者，事實上眼睛與八個體器官所有的感應知覺全是經過「轉波定影」機制的變造後呈現在自體之內的偽覺偽象，所謂的生命體九個體器官所接收的全是波動背景場裏不同波段波相的電磁波訊息，嘴口所喝飲的水是波，鼻子所吸嗅的氧是波，就連雙手所捧拾的黃金鑽石也是波。

　　眼睛所看到的生命世界是經過轉換機制所變造後呈現在自體上的偽知覺，也就是說所謂的生命世界有二個不同面貌的狀態，眼睛與八個體器官所感覺到的狀態是轉換

作用偽造後呈現在自體內部仿真仿實的假世界，而未經轉換的另一個狀態則是所謂生命的真實本相，這個真實樣貌就是不同密集程度波形波相的「波動」，不同密集程度的「波動」才是所謂生命真正的本相；什麼是鬼？耳聽波，眼看波，膚覺波，鼻嗅波，手觸波，嘴嚐波，腹飽波，陰殖波，腦識波的假原子形式凝聚態軀殼全都是鬼！全都是鬼！

　　波動作用所實現的所謂生命是一場假生假世，在這一場造假的生命狀態裏一定會發生眾多所謂不可思議，不能想像的現象用以證明「生命存在」，所謂的光怪陸離，所謂的驚世駭俗，其實都是波動造生作用下必然且註定發生的現象，如同這一個所謂生命世界的存在一樣不可思議，最驚悚駭異的其實就是所謂生命世界的存在。

　　從眼睛與八個體器官感覺到的狀態其實全是造假的自體內覺，「轉波定影」機制的造假目的就是要實現對於生命的極度渴望，這個所謂的生命世界其實是一個孤獨振盪之下的波動，在波動背景場裏所有的運作就是要證明「生命存在」，觀省以波動作用所實現的所謂生命世界其實核心的真相就是一場「自己宰殺自己」，「自己姦淫自己」，「自己吞噬自己」，「自己輕鄙自己」，「自己謀奪自己」，「自己仇恨自己」的騙局。

　　一個孤獨振盪下的波動就是實現所謂生命的背景，
所謂生命世界的背景事實上是一場連沒有也沒有在空無之
中的波動，生命只是空無之中的一場波動，所謂的生命是
一場波動中的現象，波動背景場是一個早已預設註定的夢
境，沒有偶然，波動背景場中所有的現象全都萬般註寫，
其實無生最苦，無生最悲，所謂的愛和罪與所謂的善和惡
全是生命存在的內容，而唯一的目的就是要證明「生命存
在」，生命其實是一場自己欺騙自己的夢境。

參

生命的起源

參　生命的起源

物理絕不可能無中生有　除非是假物理

Waving makes life from non

$$\lambda = W/p = W/Wv \,,\; \lambda = W(h)/p = W(h)/w(m)v$$
$$m = WC^2 \,,\; E = Wv$$

》生命體的眼睛和所有感覺器官所看到與感受到的這一個
　所謂生命世界正是一個造假的世界

這一個所謂的生命世界其實有二個完全不同的樣貌，生命體的感覺器官所看到和感覺到的樣貌是經過體內轉換機制改變後呈現在生命體內部的假現象，從所謂的光，所謂的色彩，所謂的溫度開始再到所有感覺器官的所有感受全都是經過轉換後呈現在生命體內部

的偽知偽覺；生命體內部的轉換機制徹徹底底地完全改變掉真實的本相和原貌，以企圖製造生命是存在的狀態，生命體能夠感覺這個世界存在，感覺物質存在，關鍵就是生命體進行造假，而生命體自體造假的目的就是為了要實現生命！

　　生命起源於一場波動，這一場波動是生命世界的本相和原貌，這一場波動製造了一個仿真仿實的擬生狀態 Real life Imitation，所有所謂的物質與所有的生命體全都是這一場波動下所凝結而成的狀態，生命是一種現象，一種波動凝結所製造的現象，所謂的物理其實全是生命體感覺器官的造假，眼睛所看見到的，膚體所感覺到的全是波動訊息轉換後呈現在生命體內部的偽知覺，所謂的物理其實是波動本相經過生命體內部轉換後的假現象，所謂的生命世界其實沒有光，沒有色彩，也沒有溫度，只有波動，只有波動狀態之下定稱為電磁波的波動；生命其實是一場波動，物理現象中所謂的能量其實是不同波長頻率的波動訊號，所有的物質與生命體所接收到的不是能量，而是不同波長頻率的訊號波，是不同波長頻率的訊號波給予和通知物質與生命體進行所謂的感應知覺與及運動和樣貌的改變，生命體的造假作用把原是波動的本相轉換成光，轉換成色彩，轉換成溫度和實體，物理其實是生命體轉波定影

作用變造之後呈現在生命體內部的假現象。

　　波動的訊息變成了眼睛所看見到的光與色彩，波動的訊息變成了膚體所感覺到的溫度，關鍵就在於生命體內部存在著一個轉換波相的機制，這一個轉波定影的轉換機制叫做特司它司特榮解釋TESTOSTERONE TRANSLATION。

　　特司它司特榮TESTOSTERONE是生命體內部的晶體振盪器crystal oscillator，它在生命體內部產生一個萬能對應的振盪訊號源，就是特司它司特榮TESTOSTERONE這一個振盪晶體所振盪出的波長頻率訊號源對應著外在波動狀態下所有的電磁波訊息，特司它司特榮TESTOSTERONE訊號源最重大的作用，就是接收和對應外部電磁波訊息並將所有的電磁波訊息進行轉換，特司它司特榮TESTOSTERONE訊號源在生命體內部把電磁波波動的本相轉換成偽知覺，把電磁波波動的本相轉換成假知覺假感受，也就是說特司它司特榮TESTOSTERONE把電磁波訊息轉換成生命體所看見到的光，把電磁波訊息轉換成生命體所看見到的色彩，也把電磁波訊息轉換成生命體所感覺到的所謂溫度和觸碰到的所謂實體。

　　生命起源於一場電磁波，生命的真實本相就是電磁波，關鍵就在於生命體造假，而造假的關鍵就在於生命體

內部的所謂荷爾蒙hormone，又稱為睪固酮的特司它司特榮TESTOSTERONE它接收對應並解釋轉換了電磁波的真實樣貌。

TESTOSTERONE translates signal-wave into fake-real.

一、波相 The fact of wave

》不同波長頻率的波動是所謂生命的本相

所謂的物理現象是生命體體器官的感覺，而生命體一身體器官的感覺卻全都是造假的偽象，又或者說全都是經過轉換作用變造後呈現在生命體內部的偽知覺，眼睛看到與一身體器官感覺到的所有現象全是經過轉換機制變造後呈現在體內部的偽知覺，光亮、色彩、聲音、溫度、氣息、味道、形體、重量、空間的感覺全是經過變造後呈現在生命體內部的假現象，無感不假，無覺不偽。

所謂的生命世界有二個樣貌，二個狀態，一個樣貌是振聵驚駭卻完全真實的本相，另一個樣貌則是經過轉換造假機制呈現在生命體內部的偽知偽覺，眼睛所看見到與各個體器官所感覺到的這一個所謂多姿多彩的生命世界就是

轉換作用下的假現象。

　　生命體眼睛所看見到的樣貌是經過轉換機制呈現在生命體內部的偽知覺 Translate wave into fake-real，生命體眼睛及所有感覺器官的知覺感受全都是偽知覺，耳朵、眼睛、皮膚、鼻子、雙手、嘴舌、腹肚、陰下、腦部所接收到的所謂音聲、光影、色彩、溫度、氣息、物體、口味與及重量和空間的感覺全都是經過生命體轉換作用呈現在生命體內部造假的偽知覺。

　　生命體以外的真實狀態是不同波長頻率的波動，或者說是波譜中不同波長頻率的電磁波，整個所謂的生命世界真實的樣貌全是電磁波，在沒有質量，沒有空間裏的一場波動，只是一場電磁波的波動，如果沒有經過生命體的接收對應和轉換機制作用的造假，而眼睛還能看見得到的真實本相全部都會是電磁波，就連所謂的物質material 和所謂的生命體本身也全都是凝結的電磁波。

(一)、波訊息 The Signal-wave

》一個波動的本體分裂成萬生萬物

　　生命的真實面貌是波，不同波長頻率的波，又或者可以描述成是波譜wave spectrum上不同波長頻率的電磁波，不只所謂的光是電磁波，也不只無線電音頻是電磁波，一塊沉甸甸的黃金與一顆晶瑩透亮的鑽石也是波，黃金與鑽石是凝聚態的電磁波wave-condensationer。

　　因為生命體的轉換機制把波的原樣貌變造成了所謂的感覺感受signal-wave into fake-sense，於是眼睛看到了所謂的光，耳朵聽到了所謂的聲音，於是眼睛也看到了所謂的黃金，看見了所謂的鑽石，而生命體的雙手在轉換作用的變造下也能夠觸碰到原貌是波的所謂黃金與鑽石。

　　正是因為不同波長頻率電磁波的凝結才形成這一個所謂的生命世界，而眼睛看得見，耳朵聽得到，雙手摸得著的關鍵就在於生命體自體轉換機制的對應，不同波長頻率的凝結波wave-condensationer造成生命體不同的感覺感受，不只光是電磁波，不只聲音是電磁波，黃金也是電磁波，鑽石也是電磁波，關鍵就在於生命體轉波定影造假機制的功效所致。

　　波與波的相對應wave-match effect是造成所謂生命世界存在的關鍵作用，生命體轉波定影的功效把原樣貌是波動的本相改變成為一個仿真仿實的擬生狀態，生命體將波動的本相轉換成為呈現在自體內部的所謂光、色彩、溫

度、氣味和形體。

　　轉波定影機制的偽造在生命體內部創造了一個感覺像是真實存在的世界，於是一個造假的物理現象便呈現在生命體的眼睛，呈現在生命體的耳朵，一個經過變造後的所謂物理現象也呈在生命體的雙手，在生命體轉波定影造假機制的作用下生命體內部呈現出所謂熱的感覺，於是產生出所謂能量的偽知覺，其實根本沒有溫度，沒有熱，只有電磁波訊息在生命體內部的轉換，熱是偽知覺！

　　(1) 波訊息 Signal-wave

》波動造生作用製造出一個仿真仿實的擬生狀態
　波動造生作用製造出一個最精巧最完美境界的自我詐欺

　　眼睛所看見到的所謂的生命世界是一個經過轉換機制變造後呈現在生命體自體內部的假象，生命現象的真實本貌是波的動量和波動的凝聚。

　　存在的是一場波的動量$P = WAVE / \lambda$　而不是實體，物質和實體的感覺是生命體接收對應和解釋轉換電磁波訊息後產生在自體內部的偽知覺，將生命世界還原成波動的本相會覺察到的真實狀態是一個又一個電磁波的凝聚體

wave-condensationer散發波訊息，生命的真實本相是波訊息的散發，在背景是波動場wave-field的本相裏所有的假原子凝聚態假物質false-matter都是波訊息的散發體，每一個電磁波凝聚體都散著自身不同波長頻率的訊息波。

　　正因為是不同波長頻率的呈現才能製造出不同差異的對應，即所謂不同的物質物相，不同的物質在波的本相上就是不同波長頻率凝聚的差異，每一個假物質都是波的凝聚態也都如同所謂的太陽一樣，都有自身散發顏色的波長，也都有散發如同溫度的波長波相。

　　每一個波的凝聚體wave-condensationer所接收到的不是所謂的光，不是所謂的熱或冷，也更不是所謂的能量，而是不同波長頻率的訊息波，又或者說是不同波長頻率的電磁波。

　　波訊息的散發與接收才是波動本相裏真實的狀況，每一個假物質所接收到的不是能量，而是不同波長頻率的波，並且隨著不同波長頻率波訊息的通知inform 改變自身的波體波相，即假物質接收不同波訊息後自體產生波態的重新組合，自體自動改變波長頻率，如2個氫與1個氧假原子凝聚波態分子式的H_2O即所謂的液體—水，隨著波訊息的通知而改變成所謂的固態或氣態。

　　如生命體隨著不同波訊息的接收與通知，生命體自體內部

自動產生對應和解釋，在波訊息的通知後生命體自體會產生出
所謂冷或熱的溫度感覺，溫度是自體內覺，可是生命體所接收
到的是波的訊息，不是物理能量，不是冷或熱，而是波的訊息
通知生命體產生自體轉換，產生自體內覺，也就是說熱這一個
現象是自體內的知覺，生命體外仍然只有波，生命體所認識的
是波的訊息，生命體所對應的是波，不是能量！

(2) 波對應 Wave-match-waver

》沒有質量 沒有能量 只有波訊息的接收對應
　只有波訊息通知物質與生命體進行波態重組與知覺轉換

　　「熱」這一個現象是生命體自體內所對應出的自體內
覺，其實在生命體之外根本沒有所謂的「熱」！

　　生命體之外只有波，或者說只有電磁波，而電磁波
只是一個通知生命體產生知覺的訊號，同樣產生熱的這一
個電磁波訊息也使所有假原子凝聚波態的所謂物質產生波
相重組，產生波態改變，萬生萬物接收到的是電磁波的訊
息，沒有熱也沒有能量，但是生命體的體器官在轉波定影
機制作用下從眼睛的觀看卻轉換成是所謂物質接收能量所
以產生冷縮熱漲的物理現象，而其實是凝聚態的假原子接

收訊息波的通知後進行自體波態的重組，但在眼睛轉波定影作用的變造下就成為了所謂的冷縮熱漲的現象。

「熱」是生命體自體內產生的偽知覺，太陽所散發的是讓生命體自體產生所謂熱這一個知覺的訊息波，是波訊息通知生命體產生自體內覺，事實上完全沒有所謂的熱能量。

是不同波長頻率的訊息波通知物質與生命體做出不可逆的對應Irreversible reaction，改變自身的波形，改變自身的波態，或者說是波長頻率的重組，但是經過了生命體轉波定影機制的轉換就變成了眼睛所觀看到的熱漲冷縮和皮膚的熱感覺，而其實「熱」這一個知覺是生命體自體內的偽知覺。

根本沒有「熱」，也根本沒有所謂的能量，假原子態形式的物質所接收所認識的是波，生命體所接收所解釋的也是波，物質與生命體所接收對應的是波的訊息，不是能量，所謂的物質變化是接收波訊息的通知後自體自動產生不可逆的波態重組，這種不可逆的波態重組經過了生命體眼睛的觀看就是所謂物質的變化。

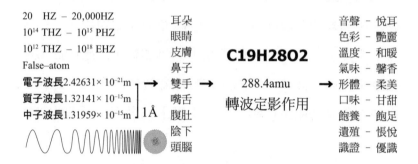

20　HZ　–　20,000HZ
10^{14} THZ　–　10^{15} PHZ
10^{12} THZ　–　10^{18} EHZ
False–atom
電子波長2.42631×10^{-21}m
質子波長1.32141×10^{-15}m
中子波長1.31959×10^{-15}m } 1Å

耳朵
眼睛
皮膚
鼻子
雙手
嘴舌
腹肚
陰下
頭腦

C19H28O2

288.4amu
轉波定影作用

音聲 – 悅耳
色彩 – 艷麗
溫度 – 和暖
氣味 – 馨香
形體 – 柔美
口味 – 甘甜
飽養 – 飽足
遺殖 – 悵悅
識證 – 優識

　　波訊息通知所謂的物質，波訊息也通知所謂的生命體波訊息通知萬生萬物產生不可逆的波態重組，產生不可逆的自體內覺。

　　在所謂高熱的溫度裏也有所謂碳基蛋白質結構的生命體存活，在所謂一百度以上的沸水環境之中也有生命體能夠滋養生息，如海底火山噴口高達攝氏六十五度至一百度以上所謂沸點，硫磺強酸的劇毒狀態下生存的怪方蟹，怪方蟹因為其凝聚體形態，也就是電磁波體對應的波長頻率的適應，所謂的酸與熱其實是不同波長頻率的波訊息狀態，假原子凝聚態的怪方蟹因其對應的訊號源可以解釋出不終結的內訊息。

　　波動造生作用是一場註定的波對應，沒有偶然，也不是意外，而是一場求生意識的實現，生命體也是電磁波的凝聚體，只有電磁波的凝聚體才能對應出一個似存似有如

真如實的生命世界，只有波與波的相對應才能實現對於生命的渴望，也只有波動造生作用才能製造出這麼一個仿真仿實的擬生狀態。

是「波訊息」通知凝聚態物質與生命體進行波態重組，凝聚態物質與生命體接收的是不同波長頻率的訊息波後進行自體變化，進行自體內覺，凝聚態物質與生命體所對應的是波的訊息，不是熱，更不是能量。

假原子凝聚波態的生命體的雙眼永遠都看不到真實的波動本相，也永遠會以為這是一個真實存在的世界，因為自體轉波定影機制的轉換，也因為波動場裏所有凝聚波態物體同時接收一樣波長頻率的訊息波後同步啟動波態改變，在所謂的春天，眼睛永遠都是看到枯樹綻開綠芽，黃土展冒青茵，膚體永遠感覺溫暖，而其實是電磁波的通知，沒有熱能量。

(3) 波形式 The form of wave

物質是波的凝聚態wave-condensationer整個所謂的生命世界是一場波動作用下所製造出的現象，凝聚態的形成是波動量所形成的波壓力，波壓就是波的動量Wave-pressure，凝聚態就是最密實的波狀，波動是生命世界的本相，在波動造生作用的背景場裏只有一個形式，就是

波，所有的現象全都是波，不同波長頻率的波。

　　「火」是電磁波，每一個假原子凝聚態結構所形成的假物質都是波的凝聚態wave-condensationer，也都如同所謂的太陽一樣，都有自身散發顏色的波長，也都有散發如同溫度的波長波相，所謂的火是假原子凝聚態波的波態重組，而波態重組就是波長頻率的改變。

　　凝聚態wave-condensationer的形成是波動背景場中最強烈的波聚集，波聚集成最密實的凝聚狀，從波的本相上看就是單位範圍內波長最短最密集，而頻率最高的波聚集狀態 假原子態的凝聚波如同是聚集密實的電磁波。

　　「火」是假原子的凝聚態波轉換成波長長，而頻率疏的狀態，在波動的本相上看就是波長頻率的改變，如同太陽一樣散發出所謂紅外線一般的波訊息，紅外線電磁波是通知生命體產生所謂熱知覺的訊息波，而波動背景場之中凝聚態的波wave-condensationer就是改變成如同紅外線波相一樣的波長頻率。

　　可是經過了生命體轉波定影對應作用的自體解釋後就變成了有熱知覺的火，而其實根本沒有熱，只是如同紅外線電磁波一樣的波長頻率會讓生命體產生自體內覺，產生出所謂有高溫的感覺，其實熱高溫的感覺是生命體自體內的偽知覺，是生命體自體產生解釋，自體內產生訊息。

　　生命體的外在只有波，只有不同波長頻率的訊息波，根本沒有熱，也根本沒有所謂的能量，火的燃燒狀是經過生命體轉波定影作用的變造後產生在自體內的假影像，而熱的感覺也是波訊息經過轉換後產生在自體內的偽知覺。

　　火是電磁波，火的波長頻率會讓生命體產生不可逆的自體解釋，生命體自體會產生改變，即所謂的燒燙傷現象，因為生命體也是電磁波的凝聚態，接受了如紅外線一樣波長頻率的波訊息後就必然產生不可逆的自體轉變，生命體一定會產生自體傷害的解釋，一定會產生燒炙痛苦的感覺，這種自體內覺是自我欺騙的最高境界，但也是波動造生作用下企圖製造生命是真實存在的術法。

　　凝聚態波體wave-condensationer還原成波動的本相就是所謂的火，從凝聚態波體還原成波動本相的狀態經過了生命體轉波定影的解釋對應後就成為燃燒模樣的火的影像，而雙手接觸會有熱的感覺，也是因為生命體轉波定影作用的對應解釋，熱是生命體自體的內覺，是生命體自體內的訊息，影像與熱這二個感覺都是生命體轉波定影的作用在自體內所產生出的偽覺偽象，眼睛觀看到的燃燒狀，皮膚感覺到的熱全都是自體內的偽知覺，生命體之外只有波，只有不同波長頻率的訊息波。

　　生命體外只有波，沒有熱，生命體外只有通知重組與

改變的訊息波，根本沒有能量。

(二)、波本相 The original expression of WAVE

》物質不能無中生有　生命世界也不能無中生有

　　除非是假物質、假生命

　　這個物質世界的存在其實是一場波與波的相對應，就因為是波與波的相對應才能製造出一個仿真仿實的狀態，其實在生命體以外的本相全部都是不同波長頻率的電磁波，生命體的眼睛所看見到的所謂生命世界其實全都是經過轉換機制所造假的偽覺偽象。

　　生命體轉波定影的造假機制把不同波長頻率的電磁波轉換成生命體內部的所謂聲音，所謂光，所謂色彩，所謂溫度，所謂氣息，所謂口味，所謂實體，與及所謂的重量和空間，而生命體所有的感應知覺其實是電磁波波相中不同波段不同波長頻率的差異，在生命體以外的真實狀態，真實本相，全都是電磁波。

　　是不同波長頻率的電磁波形成了這個所謂的生命世界，是不同波長頻率的電磁波凝結製造了這個的所謂的生命世界，是一場電磁波的波動實現了物理絕對不可能的無

中生有，是一場電磁波的波動實現了對於生命的渴望。

(1) 聲音的本相 The original expression of sound

　　耳朵所接收到電磁波波長範圍為1.7cm至17m之間，頻率範圍約在20HZ赫茲到20,000HZ赫茲的波動是所謂可聽音聲的本相。

(2) 光的本相 The original expression of light

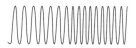

　　眼睛所接收到波長為390nm奈米至780nm奈米，頻率為384Thz兆赫至769Thz兆赫的電磁波是所謂光的本相。

(3) 色彩的本相 The original expression of color

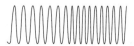

眼睛所對應接收到

波長622nm-780nm 頻率384Thz-482Thz即所謂的紅色

波長597nm-622nm 頻率482Thz-503Thz即所謂的橙色

波長577nm-597nm 頻率503Thz-520Thz即所謂的黃色

波長492nm-577nm 頻率520Thz-610Thz即所謂的綠色

波長455nm-492nm 頻率610Thz-659Thz即所謂的藍色

波長390nm-455nm 頻率659Thz-769Thz即所謂的紫色

　　波長從390nm奈米至780nm奈米，而頻率從384Thz兆赫至769Thz兆赫的電磁波各波段差異即是所謂色彩的真實本相。

(4) **溫度的本相** The original expression of temperature

　　皮膚所接收的電磁波波段從波長1毫米millimeter的紅外線區至紫外線區10nm奈米，頻率約10^{12} THZ到10^{18} EHZ 範圍的訊息波為生命體可感覺溫度的本相。

　　從波長短頻率密的紫外線區波長為10nm至400納米nm，頻率Frequency從7.5×10^{14} Hz 赫茲至 3×10^{17} Hz 赫茲約750THZ至30,000THZ 的範圍中間經過可見光區到波

長長頻率疏的紅外線區，波長1毫米millimeter至750nm奈米，頻率 4 x $10^{14}$to 1 x 10^{13}hertz 赫茲 300GHZ-400THZ範圍的電磁波訊息，此波段的接收即為所謂可感溫度。

從紅外線區到而紫外線區的部份是生命體接收對應後感覺所謂溫度的訊息區域。

(5) **物質的本相** The original expression of matter

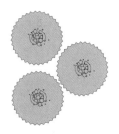

物質是電磁波的凝聚態condensed matter ，組成物質的基本原子並不是實體粒子，由電子所圍繞的原子核在線度 10^{-15}m Hz 形成綜合型態的電磁波凝聚態，

電子康普頓波長(Compton) 2.42631×10^{-21}m

質子康普頓波長(Compton) 1.32141×10^{-15}m

中子康普頓波長(Compton) 1.31959×10^{-15}m

氣味與實體的電磁波本相在生命體轉波定影造假機制對應假原子的組合之下形成型態各異不同樣貌的假象。

(三)、假物理 False physics

　　光是生命體自體內造假的偽知覺light is fake-real 聲音是生命體自體內造假的偽知覺sound is fake-real 色彩是生命體自體內造假的偽知覺color is fake-real 溫度是生命體自體內造假的偽知覺temperature is fake-real 氣味是生命體自體內造假的偽知覺smell is fake-real 物質是生命體自體內造假的偽知覺matter is fake-real 重量是生命體自體內造假的偽知覺weight is fake-real 空間是生命體自體內造假的偽知覺space is fake-real

　　所謂的物理是生命體轉波定影Translate signal-wave into fake-real機制的作用產生在體內部的偽象，生命體把不同波長頻率的電磁波轉換成所謂的知覺感受。

　　生命體眼睛所看見到的與體器官所感覺到的所謂物理的現象，是生命體內部轉波定影機制作用的轉換所製造出的假象，生命體所有的感應知覺全是經過轉換作用改變後產生在身體內部的偽知覺。

　　存在的是波，是不同波長頻率訊息的電磁波，物理現象所謂的能量並不存在，存在的全是波，生命體所接收與感應到的是不同波長頻率訊息波，是不同波長頻率的波動訊息通知由電磁波所凝聚成的所謂物質和生命體進行感應

與改變，也就是說生命體的知覺感受是對應接收不同波長頻率訊息波後產生在體內部的波相差異，而物質狀態的改變也全是對應接收電磁波訊息的通知後進行波態重組。

　　存在的不是實體，不是物質，存在的是波，生命體之所以感覺有物質存在，那是因為生命體轉波定影作用的造假機制所產生的效果，生命體的眼睛在轉波定影的作用下永遠不能看見真實的波本相，生命體將電磁波轉換成音聲、光、色彩、溫度、氣味和實體，生命是一場極致的自我詐欺，生命體轉波定影的造假作用是實現生命的遮蔽與屏障，而所謂的生命體本身也是不同波長頻率電磁波的凝聚態wave condensate into waver。

　　(1) **偽知覺 聲音** The fake-real of sound

》 **每一個電磁波的凝聚體 wave-condensationer**
　　都是波訊息的散發體

　　生命體轉波定影的作用將耳朵所接收到波長範圍為1.7cm至17m之間，頻率範圍約在20HZ赫茲到20,000HZ赫茲的波動轉換成所謂的可聽聲。

聲音的感覺是產生在生命體內部的偽知覺，其實這個所謂的生命世界沒有聲音，所謂的聲音從波動頻譜的本相上省察是長波寬疏頻率型式的電磁波，生命體所接收到的真實狀態是電磁波，所謂的物質是散發訊息波的波動體，物質散發出的不是聲音而是波，或者說是電磁波。

耳朵所接收到的不是聲音，而是波動體所散發出的訊息波，是生命體將接收到波長範圍為1.7cm至17m之間，頻率範圍約在20HZ赫茲到20,000HZ赫茲的波動，在體內部進行對應與轉換，把波動的本相變成了呈現在體內部的所謂聲音。

在波動狀態裏的所有電磁波凝聚體wave condensationer都是能夠製造波訊息的波動體，也就是說所有的所謂物質所散發出的所謂音聲是電磁波的訊息，而生命體的耳朵在轉波定影的作用下便聽到了所謂悅耳婉轉的樂音，其實耳朵所聽到的不是音聲，而是波，所謂的音聲是呈現在生命體內部的偽知覺。

(2) **偽知覺 光** The fake-real of light

》**每一個電磁波的凝聚體 wave-condensationer**

　　都是波訊息的散發體

　　生命體轉波定影的作用將眼睛所接收到電磁波波長為390nm奈米至780nm奈米，頻率為384Thz兆赫至769Thz兆赫的波訊息轉換成所謂光的感覺。

　　光的感覺是產生在生命體內部的偽知覺，其實這個所謂的生命世界根本沒有光，所謂的光是電磁波，在生命體以外的真實狀態全都是電磁波，所謂的太陽是一個散發訊息波的波動體，太陽散發出的不是光而是波，或者說是電磁波。

　　生命體的眼睛與及各個體器官所接收到的不是光，而是太陽這一個波動體所散發出的電磁波，是生命體將接收到波長為390nm奈米至780nm奈米波段的電磁波在體內部進行對應與轉換，把波的本相變成了呈現在體內部的所謂光亮。

　　在波動狀態裏的所有電磁波凝聚體wave condensationer都是如同太陽一般的波動體，也就是說所有的所謂物質都會如同太陽一樣散發出波動的訊息，於是生命體的眼睛在轉波定影的作用下便看到了這個所謂的生命世界，眼睛所看見到的其實不是光而是波，所謂的光是呈現在生命體內部的偽知覺，假現象。

(3) 偽知覺 色彩 The fake-real of color

》每一個電磁波的凝聚體 wave-condensationer
　都是波訊息的散發體

　　生命體轉波定影的作用將眼睛所接收到電磁波波長從390nm奈米至780nm奈米，而頻率從384Thz兆赫至769Thz兆赫各波段差異的訊息波轉換成所謂的色彩。

　　色彩的感覺是產生在生命體內部的偽知覺，其實這個所謂的生命世界根本沒有色彩，所謂的色彩是不同波段的電磁波，在生命體以外的真實狀態全都是電磁波，所謂的太陽是一個散發訊息波的波動體，太陽和所有物體散發出的不是光 不是色彩，而是波，是供予對應轉換的電磁波。

　　生命體的眼睛所接收到的不是色彩，而是太陽這一個波動體與及物體所散發出的電磁波，是生命體將接收到同為波長為390nm奈米至780nm奈米相同波段的電磁波在體內部進行對應與轉換，生命體轉波定影的機制把波的本相變成了呈現在體內部眼睛所看到的所謂色彩。

　　在波動狀態裏的所有電磁波凝聚體ｗａｖｅ condensationer都是如同太陽一般的波動體，也就是說所

有的所謂物質都會如同太陽一樣散發出波動的訊息，散發出如同太陽一樣波長頻率的電磁波，於是生命體的眼睛在轉波定影的作用下便看到了這個所謂多姿多彩的生命世界，眼睛所看見到的其實不是光，不是色彩，而是波，所謂的色彩是呈現在生命體內部的偽知覺，假現象，生命體以外的真實狀態全是波，全是電磁波。

(4) 偽知覺 溫度 The fake-real of temperature

》每一個電磁波的凝聚體 wave-condensationer
　都是波訊息的散發體

　　生命體轉波定影的作用將膚體所接收到電磁波波長1毫米millimeter的紅外線區至紫外線區10nm奈米，頻率約10^{12} THZ到10^{18} EHZ 範圍的訊息波轉換為生命體內可感覺的所謂溫度。

　　溫度的感覺是產生在生命體內部的偽知覺，其實這個所謂的生命世界根本沒有溫度，所謂的溫度是波長1毫米millimeter的紅外線區至紫外線區10nm奈米 頻率約10^{12} THZ到10^{18}EHZ 範圍波動訊息的電磁波，在生命體以外的真實狀態全都是電磁波，所謂的太陽是一個散發訊息波的

波動體，太陽和所有物體散發出的不是溫度，而是波，或者說是電磁波。

生命體的膚體所接收到的根本不是溫度，而是太陽這一個波動體與及物體所散發出相同波相的電磁波，是生命體將接收到同為波長1 毫米millimeter的紅外線區至紫外線區10nm奈米，頻率約10^{12}THZ到10^{18}EHZ 範圍波動訊息的電磁波在體內部進行對應與轉換，生命體轉波定影的機制把波的本相變成了呈現在體內部所感覺到的所謂溫度。

溫度是生命體內部與電磁波訊息的對應，生命體將太陽與及所有物體所散發出的電磁波進行對應，並將相同波段的電磁波在生命體內部進行轉換，生命體轉波定影的造假機制把電磁波變成所謂的溫度。

在波動狀態裏的所有電磁波凝聚體ｗａｖｅ condensationer都是如同太陽一般的波動體，也就是說所有的所謂物質都會如同太陽一樣散發出波動的訊息，散發出如同太陽一樣波長頻率的電磁波，於是生命體的膚體在轉波定影的作用下便感覺到了這個所謂有溫度的生命世界，而其實膚體所感應到的根本不是溫度，而是波，所謂的溫度是呈現在生命體內部的偽知覺，假現象，生命體以外的真實狀態全部都是電磁波。

從波長短頻率密的紫外線區波長為10nm至400納米

nm　頻率Frequency從7.5×10^{14} Hz赫茲至 3×10^{17} Hz赫茲約750THZ至30,000THZ 的範圍中間經過可見光區到波長長頻率疏的紅外線區波長1 毫米millimeter至750nm奈米，頻率 4 x 10^{14} to 1 x 10^{13} hertz赫茲 300GHZ-400THZ範圍的電磁波訊息，此波段的接收即為所謂可感溫度。

　　波的訊息引發生命體產生感應，皮膚所產生的曬斑並非由紅外線區熱感溫波訊息所致，而是由另一端紫外線區的UVB波訊息通知生命產生變化，UVB波訊息通知生命體的皮膚產生紅斑，產生所謂的曬傷，生命體的所謂病變是接受了波訊息後自體所產生的對應，從眼睛觀看是所謂炙燒的傷害，而其實是與訊息波的接收有關，紫外線中波紫外線 UV-B，波長為290-320nm 被稱作是炙熱燃燒的光線，但UVB波並非是產生灼燙與及燃燒的波段，通知生命體產生熱感應的波段是近紅外線的區域，波長約為700nm至14,000nm的紅外線波段才是熱覺主要的訊息範圍，紅外線區才是通知生命體產生熱感覺的波段，生命體的所謂曬傷並非所謂熱感應所致，所謂燒灼的感覺是生命體自體之內的偽知覺，偽反應，生命體之外所謂的燒燙灼熱並不存在，曝露於UVB波段之下對皮膚所造成的所謂傷害是生命體自體的對應所做出的反應，是生命體自體接收波訊息後產生在自體的造假反應，而生命體的造假作用卻又如真如

實。

(5) **偽知覺 物質** The fake-real of matter

》每一個電磁波的凝聚體 wave-condensationer
　都是波訊息的散發體

　　粒子與實體的感覺是生命體內部的偽知覺，以碳12為相對原子的靜止質量1.66054 x 10^{-27} kg 的實體感覺是生命體轉波定影作用所製造出相對應的偽覺偽象。

　　只有波與波的相對應才能製造出真實世界的感覺感受，物質是波，物質是凝聚的波，在沒有光，沒有色彩，沒有溫度的狀態下只有波長頻率相對應的電磁波凝聚體才能接收感應到所謂的光，色彩和溫度，實體並不存在，所謂的物質是波動狀態下不同波長頻率電磁波凝聚所仿真仿實出的假象。

　　氣味與實體的本相是不同波長頻率的電磁波，本相在生命體轉波定影造假機制下對應假原子的組合形成型態各異不同樣貌的假象，生命體轉波定影的作用將所接收的凝聚態電磁波波體wave-condensationer轉變成感覺上所謂不同的物質，物質是電磁波的凝聚態condensed matter 組成物質的

基本原子並不是實體粒子。

　　波動造生狀態的背景是波，所謂的原子不是實體粒子，而是實現生命，凝聚的波，所謂的物質與生命體是假原子態型式的凝結體，由電子所圍繞的假原子核在線度10^{-15}m Hz 的形成綜合型態的電磁波凝聚態，電子波長2.42631×10^{-21}m，質子波長1.32141×10^{-15}m，中子波長1.31959×10^{-15}m，假原子型態中包覆起不同波長頻率的訊息波是組合所謂生命世界的基本波，從眼睛觀看所謂的原子是實體粒子，但在真實波動的本相上所謂的原子是組合所謂生命現象的基本波basic condensation wave。

　　生命體轉波定影的作用將膚體所接收到電磁波波長直徑約10^{-10}公尺1Å，頻率為中子Neutrons × 質子proton × 電子Electron範圍的綜合凝結波condensation wave轉換為生命體內可感覺的所謂氣味與實體。

　　氣味與實體的感覺是產生在生命體內部的偽知覺，其實這個所謂的生命世界根本沒有氣味與物質，所謂的氣味與物質是波長1Å範圍綜合凝結的電磁波，在生命體以外的真實狀態全都是電磁波，所謂的物質是一組又一組散發訊息波的波動體，所有的物體都不是實體，而是組合型態的凝聚波，或者說是組合型態的電磁波體wave condensationer。

　　生命體所接收到的根本不是實體，而是波體與波體的相對應所產生的波相差異，是生命體將接收到同為波長1Å假原子態範圍綜合凝結的電磁波訊息後在體內部進行對應與轉換，生命體轉波定影的機制把波的本相變成了呈現在體內部所感覺到的所謂不同氣味，不同形態的實體。

　　物質實體是生命體內部與電磁波訊息的對應，生命體將所有凝結體所散發出的電磁波進行對應，並在生命體內部進行轉換，生命體轉波定影的造假機制把電磁波變成所謂的物質。

　　在波動狀態裏的所有電磁波凝聚體wave condensationer都是波動體，也就是說所有的所謂物質都會散發出波動的訊息，散發出獨有不同波長頻率的電磁波，於是生命體的膚體在轉波定影的作用下便感覺到了這個所謂有物質存在的生命世界，而其實膚體所感應到的根本不是實體物質，而是波，所謂的物質是呈現在生命體內部的偽知覺，假現象，生命體以外的真實狀態全部都是電磁波。

二、波動作用 The phenomenon of wave vibration

》沒有聲音　沒有光亮　沒有色彩　沒有溫度　沒有物質
只有波與波的動量才是所謂生命狀態的真實本相

　　波動量 $p = W／\lambda$，波能量 $E=W\nu$ 是所謂生命世界的真實樣貌，粒子的所謂質量是$m=W\nu$，所謂的生命世界是一場波動下的狀態，波的壓力形成凝聚態，在波動造生場域裏波的凝聚形成所謂的生命世界，所有所謂的力 Force都是波場之下波壓Wave-pressure所造成的現象，而生命體所看見到和感覺到的物理狀態全部都是經過了轉換機制改變後的假現象，這個經過轉波定影作用改變後的生命世界其實沒有質量是波，是不同波長頻率的波凝聚造成了這一個所謂的生命世界，所謂的生命世界是一場實現生機的波動，在波動狀態裏根本沒有物質，也根本沒有所謂的生命體，只有波所凝聚的波訊息感應體。

　　是波與波的相對應，是波的凝聚體接收不同波長頻率的訊息波，所謂的聲音、光亮、色彩、溫度、物質的感受是接收訊息波的凝聚體產生在自體內部的反應，也就是說電磁波波譜上的所有波動都轉換成了所謂生命體內具象的感覺，聲音、光亮、色彩、溫度、物質的感受是生命體自體內的訊息。

(一)、希格斯波場

Higgs Boson wave condensation field

凝聚態的假原子即所謂的粒子會有質量與重量的感覺是因為波凝聚體wave-condensationer接收波訊息signal-wave後自體內轉波定影作用所製造出的偽知覺，質量與重量是波訊息，波訊息經過了生命體就變成了所謂的質量與重量，其實質量與重量的感覺生命體的偽知覺。

質量與重量的認知和感覺是生命體接收波訊息後產生在自體內部的偽知覺，眼睛所有看見到的形體是經過自體內轉換作用改變後的偽象，雙手所感覺到重量也是經過轉換作用改變後產生在自體內的偽知覺，生命體所有的感覺全都是經過自體轉波定影機制改變後呈現在自體之內的偽知覺。

生命體的轉波定影機制將波訊息轉換成所謂有重量，有質量的感覺，假原子形式的訊息波經過了生命體便轉換成所謂質量與重量的感覺，質量與重量是波訊息signal-wave轉換後在生命體自體內部的偽覺偽象。

物質組成的真實本相其實是不同疏密程度的凝聚態電磁波，不同疏密程度的凝聚波其實就是不同波長頻率的波訊息，而物理所有所謂的基本作用力Force其實就是波動狀態下波訊息轉換後呈現在生命體內部的偽知覺，所謂

的重力，所謂的磁力其實是波動造生場域裏波動量波壓下的凝聚，背景場是波，沒有實體粒子，也沒有所謂的熱能量，對於實體粒子的認知和熱的感覺是生命體自體內轉波定影作用下所解釋，所變造後呈現在自體之內的偽知覺。

　　不同疏密程度的凝聚波就是物質的本相，不同疏密程度的凝聚波就是整個生命世界的真實樣貌，波動造生場域下的波壓，即波的動量，凝聚製造出所謂的物質和所謂的生命，物質與生命體的真實本相就是不同疏密程度的凝聚波態，也就是說物質是假原子形式不同波長頻率的電磁波，而接收波訊息的生命體本身也是波，所謂生命世界的真實狀態其實就是波的凝聚體接收並轉換波訊息，生命體所接收的是波，所謂的質量和重量是生命體自體內部的偽知覺，這個波動造生場域裏根本沒有所謂的能量，也根沒有所謂的質量，所謂的質量與能量其實就是波訊息經過生命體也就凝聚態軀殼內部轉波定影作用改變後呈現在自體內的偽知覺。

　　所謂的生命體是接收和感應波訊息的凝聚態軀殼，在沒有光，沒有色彩，沒有溫度的波場裏所謂的生命體把波訊息轉換成自體內部看得見的光，色彩和形體，也把接收到的波訊息轉換成自體內所謂冷和熱的溫度，更將凝聚態假原子型式的波訊息轉換成所謂的物質，所謂的實體。

　　所有眼睛觀看到的現象都是偽象，生命體所有的知覺都是變造後的偽知覺，假原子型式的物質所表現出的運動狀態一旦經過了生命體眼睛的觀看就會在自體內形成解釋，而生命體所解釋的運動現象全都是經過強迫轉換機制改變後的偽象，這種將波訊息強迫轉換的作用就是轉波定影，如眼睛將所接收到波長為390nm奈米至780nm奈米，頻率為384Thz兆赫至769Thz兆赫的電磁波在自體內強迫轉波定影解釋成所謂的光亮，而這同一波段中的電磁波竟然也變成了色彩，轉波定影Translate signal-wave into fake-sense的機制是為了實現生命必然的施行的手段。

　　玻色子bosons與費米子fermions是不同波長頻率的凝聚態，不同波長頻率的凝聚態經過了生命體眼睛的觀看便形成所謂不同能階的表現，而所謂的輕子 leptons 和夸克quarks 是凝聚態假原子型式中的次凝聚波，所謂的四個作用力，電磁作用、重力作用、強作用和弱作用的表現在經過了生命體眼睛的觀看後便從波動本相轉換成物質的動態。

　　希格斯波場Higgs Boson wave condensation field是一個沒有質量的波動場，在這一個波動場裏以不同波長頻率的訊息波表現出所謂的能量，所謂的能量其實就是波訊息Signal-wave 波訊息通知假原子凝聚態的波體進行改變

和感應 Signal-wave informs wave-condensationer to change and sense。

　　希格斯波動背景場裏的假原子凝聚波態生命體是波訊息的接收體，生命體將不同波長頻率的波訊息接收後產生自體解釋，所謂的聲音，所謂的光亮，所謂的色彩，所謂的溫度，所謂的物質全都是波訊息的轉換，也就是說生命體自體造假，把波動的訊息變換成了自體內部的感覺感受，把波動本相的真實狀態變成了有聲音，有光亮，有色彩，有溫度，有味道，有物質，有能量，有空間，有重量的假世界。

(二)、愛因斯坦凝聚態 Bose-Einstein Condensation

　　從眼睛及生命體感覺器官所觀看與感應到的所謂生命世界裏的物質態有固態、氣態、液態、電漿態等四種形態，但是這四種物質形態的真實本相全都是第五態，即真實形式的玻色—愛因斯坦凝聚態，第五態就是波的凝聚態 wave-condensationer，整個所謂的生命世界全是第五態，整個生命世界的真實本相其實全都是波的形態，所謂的固態、氣態、液態、電漿態的感覺是生命體自體轉波定影作用改變波訊息後呈現在自體內部的偽知覺。

　　物質的真實本相是波的凝聚態 wave-condensationer 也

就是最密實密集的波形態，整個所謂的生命世界是一場波動作用所製造出的現象，凝聚態的形成是波的壓力，波壓就是波的密集動量Wave-pressure，凝聚態就是造生波場中動量最密實的波體。

　　不同密集程度的波就是物質的本相原貌，不同物質狀態的呈現是生命體內部轉波定影機制的功效，不同波長頻率的凝聚態就是不同波相的波訊息，也就是不同疏密的波訊息造成生命體不同的對應和感受，就是因為波相上的差異產生出不同的所謂感覺感受，所謂的物質其實就是不同疏密程度的波，整個所謂的生命世界是一場極其精緻自我詐欺的幻境。

　　關鍵就在於生命體轉波定影的作用Translate signal-wave into fake-sense，所謂的生命體是對應波訊息的接收體，生命體所接收所對應的不是實體，更不是物質，而是不同波長頻率的訊息波，與及由波所凝聚而成的假原子型態凝聚波，不只是玻色子bosons的本相為凝聚態，另一種能階狀態的費米子fermions也是波的凝聚態，生命體不只對玻色子bosons與費米子fermions的能階狀態產生解釋，生命體內部轉波定影的機制也把不同波長頻率的電磁波進行接收和對應，生命體把所謂2個氫與1個氧分子式的H2O假原子形態的波訊息解釋成即柔且流的所謂液體—水，生命體把所謂8個質子

原子序數的氧0解釋成氣體，生命體把6個質子原子序數的碳c解釋成晶瑩剔透的鑽石，把79個質子原子序數的金Au解釋成為固體。

關鍵就是同樣為假原子形態，由電磁波凝聚而成的所謂生命體的對應。

》每一個電磁波的凝聚體 wave-condensationer
都是波訊息的散發體

溫度是波的訊息，波的訊息通知物質改變本身的波態波相 signal-wave informs condensationer to change，冷是一種波長頻率的訊號，物質接收特定的波訊息後產生立即對應，假原子態的凝聚波隨即改變自身的波長頻率，在眼睛的觀看是結凍狀，以手觸碰便會感覺所謂的冰冷，但是不管是冰冷還是燒燙的感覺都是對於波訊息的轉換而產生在生命體內部的假象，簡單地說被感應的一方接受波訊息後自動改變自身的波態，也就是自身凝聚態波長頻率的改變，而感應的生命體以轉波定影作用解釋後的偽知覺產生所謂的冰冷或炎熱。

玻色子bosons與費米子fermions的能階聚集表現是經過了生命體的對應解釋後呈現在生命體內部的假影像，所謂

　　的低溫是波訊息，波訊息讓凝聚態的假粒子忽然大量聚集在能量最低的狀態，從眼睛觀看這種能階聚集的現象有如氣體在低溫時凝聚成液體，所以玻色子bosons與費米子fermions的能階聚集稱之為凝聚態，但從波的真實本相上是凝聚態的波體接收波訊息後自動重組與改變自身波長頻率的波態所產生的波相差異，事實上根本沒有溫度，根本沒有冷和熱，只有波只有通知凝聚態波體重組改變波相不同波長頻率的波。

　　所謂的雷射或激光冷卻Laser Cooling就是以波訊息通知假原子態的波凝聚體重組波長頻率的動量，由凝聚態短波長改變成長波長，而改變波長就是改變波相，在轉波定影造假機制控制下的眼睛觀看及雙手觸摸的偽知覺就是所謂的能階聚集與所謂的物質狀態的轉變，生命體接收凝聚態假原子改變波長後的波訊息就在自體內產生所謂結凍和冰冷的偽知覺。

(三)、德布羅意物質波
de Broglie ¢ s postulate matter wave

》 物質波 $\lambda = h/m\nu$ 的方程式是生命體感覺器官轉波定影作用所仿真仿實的偽知覺

$$\lambda = W(h) / w(m) \nu$$

假凝聚態電子的動量 $p = h / \lambda$ 方程中的作用量h即能量和時間的乘積 6.626×10^{-34} 焦耳秒(Js)是生命體感官轉波定影作用所仿真仿實製造出的知覺，在希格斯波場中沒有物質，而時間是存在意識，所謂的物質是波的凝聚態，存在的是凝聚態的波，所謂的物質是相對應的凝聚態生命體內部轉波定影的解釋。

密集凝聚波形假電子動量實式為 $p = W(h) / \lambda$，假電子能量實式為 $E = W(h) \nu$，假電子質m為訊息波，波動背景場中無實體所謂粒子為生命體之偽知覺，波動式為

$$\lambda = W(h) / p = W(h) / w(m) \nu$$

存在的是波，不是物質，在希格斯波場中是以不同波長頻率的波訊息對波的凝聚體進行波態重組和改變的通知different signal-wave inform wave-condensationer to change，是波訊息通知波凝聚體改變波態波相，但在相對應的凝聚態生命體內部卻將波訊息轉換成仿真仿實的影像和形體，波的本相經過生命體的轉波定影作用解釋後就便成了有物質，有能量的狀態，一個仿真仿實的假狀態。

波動的訊息才是物質與能量的本相，假凝聚態電子的能量 $E = h \nu$ 方程式裏的所謂能量是凝聚態生命體內部轉波定影機制的對應解釋，所謂的能量的真實本相是波的動

量，即$E = W\nu$，而不論是p動量，又或者E能量的真實本相都是假粒子假物質凝聚態的波動量，λ 和 ν 的所謂物質波波長和頻率是真正WAVE的波長頻率。

物質是凝聚態的波，但是經過同樣為假粒子凝聚態的生命體感覺器官的對應解釋後就便成了感覺得到的所謂物質世界，其實沒有生命體感覺器官轉波定影機制的改變而眼睛還能夠觀看得到，眼前的景象將全是波，振昏驚聵的波！

全是波，每一個波的凝聚體wave-condensationer都是波訊息的散發體，沒有波粒雙相性，全是波，速率v 運動的凝聚態假粒子所伴隨的波是真正的物質波。

凝聚態假粒子為W，能量為：

$E = WC^2$，波動量基本方程為$E = W\nu$ 其對應能量，凝聚態假粒子具有的頻率，為$Wc^2 = E = W\nu$，所以$\nu = Wc^2/W$ ，波的凝聚態假粒子具有的波動特徵和凝聚態波本相為 $\lambda = W/p = W/Wv$，λ 波長為實際波長p動量為波動量，所有方程式均排除生命體轉波定影機制的干涉。

生命體轉波定影的作用是一個求生意識不得不然的術法，所謂的生命世界真實的樣貌是一場沒有質量的波動，再以波與波的相對應實現物質存在，生命也存在的目的，生命體的感覺是按照波的相對應來實現生命存在這個最重

大的目的，而這場波的相對應是按著波相數理的意識來建構，生命體在內部將不同波長頻率的訊息波接收後轉換成所謂的聲音、光亮、色彩、溫度和物體，這些相對應的轉換全在波動求生的數理意識之下完成，雖然生命體的感官知覺是造假的偽象，但是在波相數理意識的凝聚構建下顯得如真如實。

三、波動凝聚 The wave-condensation

這一個所謂的生命世界是一個仿真仿實的假世界，它沒有任何質量，也完全不存在所謂的能量，它的形成是一場波的動量，波的訊息，波的凝聚與波的對應。

存在的是一場波動，不是實體，所謂的生命世界不是一個實體，實體物質存在的感覺是因為生命體接收和對應波動狀態下不同波長頻率電磁波後產生在生命體內部的偽知覺。

所有所謂物質形態的改變與運動狀態的呈現在波的本相上其實是波與波的相互通知，不同波長頻率的訊息波通知凝聚態的波體進行形態的轉換，根本沒有所謂的能量，沒有光，沒有色彩，沒有溫度，而每一個凝聚態的波體wave-condensationer都是波訊息是散發體，每一個凝聚態

波體在波動背景場裏各自散發波訊息。

　　所謂的生命世界是一場波的凝結，或者說是不同波長頻率的電磁波凝聚成所謂的生命世界，而所謂有物質存在的感覺是波與波凝聚體的對應關係所致，所謂的能量是生命體轉波定影機制的造假。

（一）、凝聚態假原子 False atom

　　重量是生命體接收電磁波訊息後產生在自體內部的偽知覺，假原子凝聚態的所謂質量amu1.6605402(10)×10^{-27} kg是生命自體轉波定影作用後所產生的假現象，根本不存在所謂的重量，原子是波，不是實體，重量的感覺是生命體轉換波訊息後呈現在自體內的偽覺偽象，事實上假原子凝聚態的所謂質量amu 1.6605402(10)×10^{-27} kg 是一組波訊息Signal-wave，所謂的原子是波動造生場域裏組合所謂物質最基本的凝聚態訊息波。

　　從生命體的眼睛觀看與及所有體器官的感應知覺會以為有物質，會感覺這一個生命世界是存在的實體，有聲音，有光亮，有溫度，有氣味，有形體，但這所有的感覺卻全都是經過轉換機制變造後的偽知覺。

　　物質的真實本相其實是凝聚態的電磁波，物質是凝聚態的波體wave-condensationer，在波動本相上所謂的物質

是假原子態的凝聚波，不同的假原子波凝聚成不同樣貌，不同形式的所謂物體，而不同的假原子波形態就會造成生命體不同的感覺感受。

如2個氫與1個氧分子式的H2O水，假原子質量18.01528 amu frequency是波，這一組假原子凝聚態的波訊息經過生命體轉波定影的解釋就變成了即柔且流的所謂液體，即所謂的水，生命體的轉波定影機制也將O2氧，假原子質量15.999 amu frequency的波訊息解釋成為氣體，而生命體自體在對應接收狀態下也將6個質子原子序數的碳C6分子量12.0107amu frequency的凝聚態波訊息解釋成為所謂晶瑩剔透的鑽石，另外亦會引起生命體喜愛的79個質子原子序數的假原子凝聚波則是金au79 分子量196.96655 amu frequency的凝聚態頻率訊息波進行轉波定影作用後在自體呈現出澄黃光澤的所謂黃金。

水H2O，氧O2 是生命體絕對必需必要的元素，可是這些生命體絕對要仰賴的元素卻都不是實體，水和氧是波，或可說是凝聚態的電磁波。

實體的感覺是生命體自體轉波定影作用後呈現在自體內部的偽知覺，在波動背景場裏生命體所聽，所看，所覺，所嗅，所觸，所食的任何物質全部都是凝聚態的電磁波，全部都是不同波長頻率，不同波段波相的電磁波，水

H2O是電磁波，氧O2是電磁波，就連生命體在對應上產生所謂喜愛的鑽石c6和黃金au79也全部都是電磁波。

(二)、凝聚態假物質 False material

》**重量是生命體接收電磁波訊息後產生在體內部的偽知覺假原子態凝聚波的地球質量5.976×10^{27}g是生命體接收電磁波訊息後在體內部轉波定影所產生出相對應的偽知覺**

5.976e27g的地球質量是電磁波訊息在生命體內部的轉換知覺，重量與質量其實是電磁波訊息的轉換。

從假原子態凝聚波false-atom wave-condensationer的質量到整個地球和整個宇宙其實是一場電磁波的動量凝聚，整個所謂的地球和銀河宇宙是電磁波所凝結製造的現象也就是說整個所謂的生命世界是一場由電磁波所擬造，仿真仿實的假世界，這一個假世界是一場擬生擬真的波動現象。

重量是電磁波訊息經過生命體的接收對應轉波定影成為感覺器官所謂的物質感受，不只是光，不只是色彩，也不只是溫度為電磁波訊息，物質所謂的質量與重量的感覺感受也是電磁波訊息。

地球$1.0832 \times 10^{12} km^3$平方公里的所謂體積為凝聚態波形

地球$1.49 \times 10^8 km^2$平方公里的所謂陸地表土為凝聚態波形

地球$3.61 \times 10^8 km^2$平方公里的所謂海水層面為凝聚態波形

　　育息所謂生命的這一個大球體是一個電磁波所凝聚的假物質，看似龐大，看似無際無垠的所謂地球和宇宙其實是一場電磁波所製造，擬生擬真，仿真仿實的假現象！

　　漂浮在空無之中的地球，浩渺深奧的宇宙是一場自己欺騙自己的假象，但卻是一場不得不如此，不得不然的欺騙！

　　看似多姿多樣豐富百態的所謂生命體其實也是一場波動狀態下的假象，生命體的真實本相其實就是電磁波體wave-condensationer，在波動狀態下電磁波凝聚成假原子態的波形式，再由假原子態的凝聚波結構成為所謂的物質凝結成所謂的生命體，生命體就是波譜本相上的電磁波體。

　　生命體不僅是電磁波還是最高波長頻率，最密波長頻率的電磁波形式，並且是電磁波波譜中最後一個形式的電磁波波相，這一場波動造生的最後一個形式就是實現生命，波動造生的目的就是要實現生命。

(三)、電磁波頻譜 WAVE SPECTRUM

　　生命真實的本相就是一場波，波動的目的就是要實現生命，生命體就是電磁波體wave-condensationer，波動造生作用下的生命體是波的最後一個形式，由凝聚態電磁波所凝聚而成的生命體是電磁波頻譜中最後一個波的狀態。

　　波動作用的目的就是要實現生命，生命體按照波動意識形成各式各樣的電磁波凝聚體，在電磁波凝聚體當中以九種器官，耳、眼、膚、鼻、手、嘴、腹、陰、腦齊備的凝聚體為最後型式。

　　九種器官齊備的生命體是九種波相的感應軀殼，整個電磁波波動的狀態也完全回饋給九器齊備的生命體所享用，在波動背景場裏生命體的九個體器官接收九個不同波長頻率波段的電磁波以做為生命存在的依據。

　　耳朵接收電磁波波長範圍為1.7cm至17m之間，頻率範圍約在20HZ赫茲到20,000HZ赫茲的波動並將此波段訊息轉換成所謂的可聽音聲。

　　眼睛接收波長為390nm奈米至780nm奈米，頻率為384Thz兆赫至769Thz兆赫的電磁波並將此波段的波頻差異訊息轉換成所謂的光亮與色彩，波長622nm-780nm轉換成紅色，波長597nm-622nm轉換成橙色，波長577nm-597nm轉換成黃色，波長492nm-577nm轉換成綠色，波長455nm-492nm轉換成藍色，波長390nm-455nm轉換成紫

色。

膚體接收的電磁波波段從波長1毫米millimeter的紅外線區至紫外線區10nm奈米，頻率約10^{12} THZ到10^{18} EHZ範圍的訊息波轉換成可感覺溫度。

鼻、手、嘴、腹、陰、腦所接收波段進入凝聚態形式，電磁波波長直徑約10^{-10}公尺1Å，頻率為中子Neutrons × 質子proton ×電子Electron 範圍的綜合凝結波condensation wave，此波態轉換為生命體內可感覺的所謂氣味與實體。

波動造生作用唯一的目的就是要實現生命，而九器全形的生命體是波動作用下最後一個，也是最主要實現的波形式。

九器全形nine-sensors，即耳、眼、膚、鼻、手、嘴、腹、陰、腦，體器官全備的生命體形式，在電磁波波譜中九器全形的生命體是主要唯一實現的波形式，在波動造生場中九器全形的生命體要享以運用所有的訊息波以證明生命存在，從無線電波，紅外線，可見光，紫外線，X光線，γ加瑪射線，再到假原子凝聚波形態的波訊息都是回饋給九器全形的生命體所享用。

生命體運用所有的電磁波，享用所有的形式的電磁波成為耳朵所聽到的聲音，眼睛所看見到的光與色彩，膚體

所感覺到的溫度，鼻子所嗅覺出的氣息，雙手所觸碰的形體，嘴舌所嚐食的口味，腹肚所充填的飽足，陰下所遺殖的悵悅，腦部所識得的自證，以企圖求得生命存在，完成實現生命的渴望

(四)、凝聚態生命體 Waver

　　電磁波譜上最後一個實現的波形式是耳、眼、膚、鼻、手、嘴、腹、陰、腦九器全備的凝聚態軀殼，即所謂生命體Waver。

　　希格斯波動背景場最主要實現的是九器全形的生命體，九器全形的生命體不僅是電磁波的凝聚態wave-condensationer，也是波動造生作用唯一主要實現的波形式，在電磁波波譜的形式裏九器全形的電磁波軀殼是最後一個波的形態WAVER。

　　九器全形的生命體WAVER是電磁波振盪頻率最高最密集，波長振幅最快最強烈的凝聚態波形體，九器全形的WAVER是波動造生作用下波訊息最鉅大的散發體，WAVER能夠散發出悅耳動聽的音頻，WAVER能夠彩繪美麗的圖畫，WAVER能夠裁縫剪製出保暖華麗的服飾，WAVER能夠烹煮調理出香甜滋味的美食。

　　在波與波的符合對應關係下WAVER會喜愛最美麗的

假原子態凝聚波—黃金與鑽石，在波與波體的符合對應作用下，WAVER要保持住所有美好的優勢，爭奪最多的黃金，劫掠最多的鑽石，累積最多美好的凝聚波，便成為WAVER一生不能停止的苦工，為了爭黃金，為了搶鑽石，為了累積所有美好的凝聚波，WAVER可以殺害另一個同源分體的WAVER。

波動造生的狀態是一場自己謀害自己，自己欺騙自己的美夢，一場實現生命，荒謬、荒唐、荒誕的美夢。

四、特司它司特榮解釋
Testosterone translation

6.626×10^{-34} 焦耳秒(Js) = TESTOSTERONE / WAVE ν

特司它司特榮C19H28O2晶體即所謂的睪固酮，分子量288.4 amu frequency，特司它司特榮C19H28O2晶體在生命體內部所產生的信號源將接收到的波訊息進行對應並在生命體自體之內轉換解釋成為九個體器官所謂的知覺；特司它司特榮TESTOSTERONE是生命體轉波定影機制的內部訊號源，特司它司特榮TESTOSTERONE訊號源就是讓生命體體器官看得見，聽得到，摸得著的關鍵。

特司它司特榮TESTOSTERONE的轉波定影作用就是

把不同波長頻率的訊息波進行對應解釋，並將不同波長頻率的波訊息轉換成自體內覺fake-sense。

聲音是轉換波訊息後呈現在自體內部的偽知覺，光亮是是轉換波訊息後呈現在自體內部的偽知覺，色彩是轉換波訊息後呈現在自體內部的偽知覺，溫度是轉換波訊息後呈現在自體內部的偽知覺，氣息是轉換波訊息後呈現在自體內部的偽知覺，形體是轉換波訊息後呈現在自體內部的偽知覺，口味是轉換波訊息後呈現在自體內部的偽知覺，重量是轉換波訊息後呈現在自體內部的偽知覺，空間是轉換波訊息後呈現在自體內部的偽知覺。

波與波的相對應wave match形成所謂的生命世界，波與波的相對應形成所謂的知覺感受。

這個所謂的生命世界並不是一個實體，而是一個波與波的對應作用wave match effect所偽造出的假世界，生命體上存在著一個由內部振盪所形成的電磁波信號源，這一個內部信號源與外部電磁波環境相對應，把生命體所接收到的電磁波訊息轉換成所謂的知覺和感受，這一個對應轉換的作用就是特司它司特榮解釋Testosterone translation。

特司它司特榮Testosterone是生命體內的振盪晶體crystal oscillator，它所振盪出的體內信號源遮蔽住電磁波的真實本相，特司它司特榮的轉換作用把眼睛所接收到的

電磁波訊息變造成體內感覺到的所謂光，色彩與形體，所謂的光、色彩、溫度的感覺全都只是形成在生命體自體內部的假知覺，事實上外在仍然是電磁波波動的狀態，生命體永遠不能從眼睛看見真實的本相，在特司它司特榮的轉換作用之下所謂的生命體彷彿獲得了真實的生命。

(一)、特司它司特榮對應 Testosterone match

$$h = TS / W \nu$$

這一個所謂的生命世界是電磁波凝結而成的現象，生命是一場電磁波現象，電磁波的凝結製造了一個仿真又仿實的擬生狀態。

耳朵聽得到，眼睛看得見，膚體能覺溫，雙手摸得著的關鍵就是因為凝聚態生命體內部特司它司特榮Testosterone訊號源的對應解釋，特司它司特榮Testosterone的結構是碳C19 氫H28 氧O2假原子凝聚波態的組合，特司它司特榮Testosterone在生命體內部所形成的訊號源是萬能的對應內頻，它對應並解釋所有的訊息波，它的對應解釋讓生命體產生自體內覺，生命體九個體器官所產生的知覺全是因為特司它司特榮Testosterone訊號源的對應。

假原子凝聚波態所組成的生命體是波訊息的接收體，

九個體器官全形的生命體形態如同是收音機、電視機、溫度感測器、味道偵檢儀，每個體器官各自接收不同波長頻率的訊息波，而特司它司特榮Testosterone就是生命體內部九個體器官的萬能萬應訊號源，特司它司特榮Testosterone訊號源對應所有的電磁波訊息，就是特司它司特榮Testosterone訊號源的對應，生命體眼睛才能看得見，耳朵才能聽得到，皮膚才能到感覺所謂的溫度，雙手才能到碰觸所謂的形體，凝聚態的假原子認識的是不同波長頻率的訊息波，碳C19氫H28氧O2假原子凝聚波態結構的特司它司特榮Testosterone訊號源就是生命體產生知覺的關鍵。

　　「感覺生命存在」，是特司它司特榮Testosterone訊號源最主要的功能，生命體所對應所解釋的是波的訊息，在波動造生狀態裏要感覺生命存在，要證明生命存在，由電磁波所凝聚而成的軀殼就必須依靠特司它司特榮Testosterone訊號源的對應，也就因為特司它司特榮Testosterone訊號源的對應功效，從本相上是無聲，無影，無形，無色的波動狀態變成了一個多姿多彩豐富萬象的所謂生命世界。

　　波的相對應製造了生命現象wave-match effect，波訊息通知生命體產生自體內覺，由電磁波所凝聚而成的所謂

生命體所接收，所對應，所解釋的是不同波長頻率的電磁波，也就是電磁波體對應電磁波訊息，波與波體的相對應 wave match waver 製造了一個有物質，有色彩，有光影，有形體，有聲音的所謂生命世界。

(二)、特司它司特榮轉換 Testosterone switch

6.626×10^{-34} Js = 288.4 amu frequency / WAVE ν

特司它司特榮 Testosterone 訊號源將所接收對應的電磁波訊息轉換成生命體知覺，也就是從虛無轉換成造假 Testosterone translate signal-wave into fake-real。

眼睛所看見到的光影、色彩、形體，耳朵所聽到的音聲皮膚所感覺到的溫度，鼻子所嗅覺到的氣息，嘴舌所嚐食到的口味，雙手所碰觸到的物質全都是經過轉波定影作用所製造在假原子凝聚波態生命體內的偽知覺。

生命真真實實的本相是從虛無到造假 from non to fake-sense，眼睛所看見到的光彩影像是造假的偽知覺，假原子凝聚態生命體的所有感覺都是轉波定影機制下造假的偽知覺，光、色彩、聲音、溫度、味道、形體全都是不同波長頻率的電磁波，特司它司特榮 Testosterone 訊號源的轉波定影功能製造了一個仿真仿實的擬生世界。

由碳 C19 氫 H28 氧 O2 假原子凝聚波態結構所組成的

特司它司特榮Testosterone晶體是造成，有物質，有生命存在的重要關鍵！

化學名稱為17ß-Hydroxyandrost-4-en-3-one 的C_{19} H_{28} O_2特司它司特榮Testosterone晶體在生命體內部所振盪出的訊號源是全能的對應內頻，它把耳朵所接收到的波訊息轉換成自體內覺的所謂聲音，眼睛所接收到的波訊息轉換成光、色彩、形體，它將皮膚所接收到的波訊息轉換成冷和熱的所謂溫度，雙手提取觸摸到的波訊息轉換成形體重量，鼻子嗅覺的波訊息轉換成香或臭的所謂氣味，嘴舌吃嚐到的波訊息轉換成苦或甜的所謂味覺。

聲音、光影、色彩、溫度、氣味、物體全是不同波長頻率的電磁波訊息，但是經過了特司它司特榮Testosterone的對應和轉換後就全都變成了真實存在的具體形象，就連重量和空間的感覺也是特司它司特榮Testosterone對應和轉換電磁波狀態後所產生出的偽知覺，特司它司特榮Testosterone在凝聚態的生命體內部製造了一個仿真仿實的擬生世界。

C_{19} H_{28} O_2特司它司特榮Testosterone晶體存在於所有所謂的生命形態上，特司它司特榮Testosterone晶體是植物和動物的生物同質性晶體訊號源Bioidentical crystal oscillator，特司它司特榮Testosterone是執行生命意識的靈

魂，是生命意識分形分識的引索。

　　特司它司特榮Testosterone對應轉換的功效把虛無的電磁波狀態轉變成為，有物質，有色彩的所謂生命世界，特司它司特榮Testosterone的對應轉換把真實波動的本相偽造成，有感應，有知覺的假世界。

五、波動 Waving

　　光是電磁波，色彩是電磁波，溫度是電磁波，原子是電磁波，不同波長頻率的電磁波經過了生命體轉波定影機制的轉換後在生命自體內部解釋成為所謂的明亮黑暗，解釋成所謂的紅黃綠藍，解釋成所謂的暖熱寒涼，解釋成所謂的芳香腥臭，解釋成所謂的甘甜酸辣，解釋成所謂的輕柔厚重，光、色彩、溫度、聲音、氣息、口味、重量和空間的本相都是電磁波。

　　生命體的知覺是對應和轉換電磁波訊息後產生在自體內部的偽形偽象，所有體器官的感覺都是造假的偽知覺，生命源起於一場波動，所謂生命的本身就是波，是波與波體的相對應才形成有物質存在的感覺，根本沒有光，沒有色彩，沒有溫度，也沒有所謂的物質，只有波，不同波長頻率的波是一場波的動量建構起所謂的生命世界，這一個

所謂的生命世界是仿真仿實的擬生狀態，這一個所謂的生命世界是一個造假的偽象，太陽和能量是偽象，是生命體造假的偽象，澄亮耀眼的黃金是偽象，晶瑩璀璨的鑽石是偽象，所有光彩奪目的美麗全都是偽象。

(一)、波分裂 The wave-fission

》生命是波的分裂 生命是一場波動造生作用之下的分形分影

　　從轉波定影造假作用的眼睛觀看所謂的生命世界，有光亮，有色彩，有萬生萬物，有無垠無邊的銀河宇宙，但去除了生命體造假機制的遮蔽，省察所謂的生命現象則是一個波動量的分裂，也就是說所謂的生命是一個波動狀態的分裂一個自己分裂成無數的波形波體。

　　從波動的本相上觀看所謂的生命現象則根本是-自己和自己對話，自己和另一個分裂的自己，自言自語！

　　原子不是粒子，原子不是實體，原子是波動量狀態下的凝聚態電磁波，在波動背景場裏的所有凝聚態都是電磁波的形式，所謂的生命體是假原子態凝聚波的組合，生命體的生殖就如同是假原子態凝聚波的裂變，假原子態凝聚波的裂變就是波動量的分裂。

　　萬生萬物是波動量的分裂，所謂的生命是一場分裂的波去除九個體器官的偽知覺，從波動的本相中省察，所謂的生命是一場精神病式的自言自語，彷彿是萬生萬物，彷彿有萬生萬物，而其實根本是一個自體的分形分影，這彷彿是萬生萬物的分形分影全是一個分裂的波狀態，自己和另一個分裂的自己進行對談，自己和另一個分裂的自己彼此對看。

　　從波的本相省察所謂的生命，則根本是一場精神病態式的自己姦淫自己，自己迫害自己，自己殘殺自己，自己吞噬自己，自體自瀆的鬧劇！

　　從生命體的眼睛觀看到的所謂生命世界是一個假造的偽象，眼睛看到的千千萬萬個形體全是電磁波所凝聚而成的軀殼，看似千千萬萬又形形色色的軀殼其實是一場波動造生作用之下的分裂，一個波動化成彷彿是無止無數的形體，這就是波動造生作用所要實現的狀態。

　　光是生命體自體內的偽知覺，色彩是自體內的偽知覺，溫度是自體內的偽知覺，眼睛所看見到的世界是一場自己欺騙自己的詐術，彷彿千千萬萬的電磁波軀殼其實全都是一個自己，耳朵聽得的聲音是自己，眼睛看得的影像是自己，皮膚感覺的是自己，鼻子嗅得的是自己，雙手觸得的是自己，嘴舌食得的是自己。

　　每一個分裂的自己所看見的另一個形體是對應在九個感覺器官自體之內的自己，也就是說這一個所謂的生命世界的真相是，自己正在姦淫自己，自己正在迫害自己，自己正在砍殺自己，自己正在謀奪自己，自己正在吞噬自己，自己正在欺騙自己，每一個電磁波軀殼所姦淫的是另一個自己，每一個電磁波軀殼所砍殺的是另一個自己，這就是波動造生作用之下—生命的真相。

(二)、自己殺自己 The dream of self-illtreat

》生命是一場不得不自虐自瀆自淫自樂的鬧劇

　　從轉波定影造假作用的感覺器官去感受所謂的生命世界，彷彿有萬生萬物，但是去除了轉波定影造假作用的遮蔽屏障，從波動的本相裏省察所謂的生命，則根本是一場自己姦淫自己，自己殘殺自己，自己謀害自己，自己吞噬自己，自體自虐，自淫自樂的夢寐。

　　去除九個感覺器官的偽知覺，所謂的生命是一個又一個分裂形影之間的對應，從波的本相裏省思也就是自己跟自己交談對話，藉由一個又一個分裂的電磁波形體進行一場所謂實現生命的夢。

生命體是電磁波所組合的軀殼，從波動的真實真相裏省察生命，這是一場不得不姦淫另一個自己，不得不殘殺另一個自己，不得不謀害另一個自己，不得不吞噬另一個自己的無奈。

是自樂自虐，也是自殘自瀆，生命的真相是─電磁波軀殼正在姦淫自己，電磁波軀殼正在砍殺自己，電磁波軀殼正在謀奪自己，電磁波軀殼正在迫害自己，電磁波軀殼正在吞食自己，電磁波軀殼正在欺騙自己，所謂的生命其實是一場不得不如此的夢境和無奈，要製造生命世界，要實現生命，就必然是一場自虐和自瀆，即使這場波動造生現象消失重來，而再重來的生命現象，亦是覆轍再輾，無所可變。

(三)、波鬼 The waving ghost

》電磁波凝聚態的軀殼是波動造生狀態下的鬼

沒有生命是活著，這只是一場自己欺騙自己的電磁波聲光大秀，主角就只有一個自己，耳朵聽得的聲音是分裂的自己所發出的波動，眼睛看得的形影是分裂的自己所發出的波動，皮膚覺得的溫度是分裂的自己所發出的波動，

雙手撫得的物體是分裂的自己所發出的波動，鼻子所嗅得的氣息是分裂的自己所發出的波動，嘴舌食得的口味是分裂的自己所發出的波動，腹肚進得的飽足是分裂的自己所發出的波動，陰下所遺得悵悅是分裂的自己所發出的波動，腦部所識得的自證是分裂的自己所發出的波動。

　　沒有生命是活著，耳朵聽得的是波，眼睛看得的是波，皮膚覺得的是波，鼻子嗅得的是波，雙手觸得的是波，嘴舌食得的是波，腹肚飽得的是波，陰下遺得的是波，腦部識得的是波，水是波，氧是波，光是波，碳是波，黃金是波，鑽石是波，太陽是波，宇宙是波，自己是波，無數的分裂全是波，根本沒有生命是活著。

　　生命是什麼　是自己欺騙自己的電磁波軀殼

　　沒有生命是活著

六、轉波定影 Translate wave into fake-real

$$\lambda = W/p = W/W\nu \ , \ \lambda = W(h)/p = W(h)/w(m)\nu$$
$$h = \mathbf{C19H28O2} \ / \ W\nu$$
$$m = WC^2 \ , \ E = W\nu$$

　　沒有光，沒有色彩，沒有溫度，沒有形體的波動狀態才是真實的本相，可是在無形無色的波動狀態之下生命

體竟然看見有形又有色的世界，這個原故是因為生命體自體內的造假機制作用所致，九器全形的生命體是感應的器械，生命體自體把不同波段的波訊息轉換成所謂的光，所謂的色，所謂的溫，所謂的形，這種將波訊息轉換成具體形象的機制就是轉波定影，轉波定影的機制是企圖實現所謂生命的重大術法。

》 知覺是造假機制下自體內的偽象

　　聲音、光影、色彩、溫度、氣息、物體、口味、重量、空間的感覺是偽知覺，所謂的生命體其實是電磁波的所凝聚而成的軀殼，生命體的九個體器官是九個不同波段波相的感應接收器，九個不同波長頻率的電磁波訊息經過了凝聚態軀殼的轉換後就變成了具體又具象的感覺感受，而其實九個體器官所接到的全是波，或者說是不同波長頻率的電磁波。

　　假原子凝聚態九器全形的生命體軀殼將不同波段波相的電磁波轉換成偽知覺，這一個轉波定影的機制就是軀殼內 $C_{19}H_{28}O_2$ 特司它司特榮TESTOSTERONE晶體的功效所致， TS晶體在九器全形軀殼裏所振盪出的內頻遮蔽住波的本相，並且將波訊息轉換成所謂的感應知覺。

　　這個所謂的生命世界是一個由波所凝聚並加以轉換的假世界，這個假世界是一個仿真仿實的擬生狀態，其實沒有光，也沒有色彩，光和色彩是自體造假的內覺，在生命體之外只有波，不同波長頻率的波，也根本沒有聲音，沒有溫度，沒有氣息，沒有物體，沒有口味，沒有重量，沒有空間，只有波。

　　所謂的生命世界是一場波動所製造的現象，所謂的生命真實的本相是不同波長頻率的波，一場波動製造出所謂的生命世界，九器全形的軀殼所呼吸的是波，所吃食的是波，所觀看的是波，就連雙手所緊捧住的黃金和鑽石也是波，這是一個波動的假世界，眼前所看見到的全是一場轉波定影作用後自我欺騙實現所謂生命仿真仿實的美夢。

(一)、假知覺 Fake-sense

》還原成波的本相 沒有光 沒有色彩 沒有溫度 沒有味道
**　沒有物質 只有波的動量**

　　九個體器官的知覺是不同波長頻率波訊息的轉換，假原子凝聚態的生命體將不同波段波相的波訊息轉換成自體內覺，在波動造生的背景場裏凝聚態的軀殼將波訊息轉換

成所謂的聲音、光亮、色彩、溫度、氣息、味道、形體、重量、空間。

　　耳朵所聽，眼睛所看，膚體所覺，口舌所食，雙手所觸者全都是波訊息，是生命體自體的轉換將波動的真實本相造假成自體內覺所謂的有光，有色，有形，有溫，有味，有重量，有空間的偽知覺。

　　所謂的生命體是假原子凝聚態的軀殼，九個體器官是九個不同波段波相的感應器，藉著 $C_{19}H_{28}O_2$ 特司它司特榮 TESTOSTERONE晶體振盪內頻訊源號的轉換製造出了一個感受上很似真實的狀態。

　　無論眼睛怎麼看都會是一個有光有影有形有色的現象波訊息變成了光，波訊息變成了溫度，波訊息變成了形體，波訊息變成了黃金，變成了鑽石，只要眼睛一張開，雙手一碰觸 $C_{19}H_{28}O_2$ 特司它司特榮TESTOSTERONE晶體就會將波訊息轉換成有光有色有溫度的現象。

　　無論如何凝聚態軀殼都會將波動狀態轉換成有光有色有溫有形的具體模樣，無論如何就是要凝聚態的軀殼證明這是一個存在的世界，無論如何就是要實現生命，無論如何就是要完成這一場自我詐欺的夢。

(二)、假物質 Fake-matter

　　還原成波的本相只有波的動量根本不是質量根本沒有質量物理是偽知覺

　　所謂的能量是生命體轉波定影造假作用轉換後的偽知覺，根本沒有所謂的熱，溫度是生命體自體轉換波訊息後產生在自體之內的偽知覺。

　　原子是波的凝聚態，由假原子所凝聚而成的生命體是波訊息的感應器，生命體所感覺到的溫度是波訊息的轉換，所謂的太陽散發出的是波，不是熱，所謂的熱溫是生命體接收太陽波訊息後自體內部轉換的偽知覺，根本沒有所謂的熱，也根本沒有所謂的能量，只有凝聚態的假原子接收波訊息後自動反應出不可逆的波態重組。

　　在波動造生的背景場裏凝聚態的假原子所接收的是波訊息，不同波長頻率的波訊息通知假原子改變凝聚態的波長頻率，即不可逆的波態重組。

　　所謂的火是波的形式，火的波長頻率和太陽的波一致，在生命體轉波定影機制的轉換作用下會感覺所謂的熱，任何假原子的凝聚態都可以成為所謂火的波形式，火是凝聚的波態還原成為波。

　　無物不波，無體不波，從看似浩渺的銀河宇宙到黃金和鑽石全是波，關鍵就在於生命體轉波定影機制的轉換，

假原子凝聚態的生命體將波動的真實本相轉換成有光有色有溫有形的狀態，生命體轉波定影的造假作用製造出一個認知上有能量，有物理，如真如實的偽覺世界。

沒有光，而生命體卻看到了光，沒有色彩，可是生命體卻看見了色彩，沒有溫度，生命體卻感覺到熱，生命從自體就開始造假，轉波定影的作用將波動的本相轉換的如真如實生命是一場感受，生命是一場不得不轉換，不得不造假的感受。

生命真實的本相是波生命源起於一場波動，就因為是一場波，因為不同波長頻率的波段波相，所以才會有不同色彩的呈現，就因為是不同的波長頻率，所以才會有不同的形體形狀，也就因為是波，所以才有所謂的萬生萬物，才會有這一個所謂的生命世界。

生命是一場回證，耳朵所聽，眼睛所看，膚體所覺，鼻子所嗅，雙手所觸，嘴舌所食，無不是波，生命體是波的凝聚態，波體感應波訊息再將波訊息轉換成為知覺就是回證，所謂的生命其實就是自己感應自己，在波動的狀態下眼睛看到的形體是另一個分裂又凝聚的自己，所謂生命世界的真實狀態是一場波動下自己回覺又回證的詐術。

(三)、假生命 Fake-life

》還原成波的本相 生命是一場自我欺騙

　　事實上這一個所謂的生命世界根本沒有質量，存在的是波，只有波的動量。

　　所謂的知覺和感受是波訊息的對應與轉換，凝聚態軀殼所有的知覺和感受全是接收不同波長頻率波訊息後進行的轉換，聲音、光影、色彩、溫度、氣息、形體、味道、重量、空間的感覺只存在於凝聚態軀殼自體之內，凝聚態軀殼的外在全是波動，就連進行感應的凝聚態軀殼本身也是波。

　　根本沒有所謂的物理，凝聚態軀殼的眼睛所看見到的是轉換後的波，雙手所碰觸到的也是波，只是波訊息經過了凝聚態生命體軀殼的轉換造假，於是在凝聚態軀殼自體內呈現出有光影，有色彩，有溫度，有形體的偽知覺，九器全形的凝聚態軀殼所有的知覺全都是經過轉換造假作用後只存在於自體之內的偽知覺。

　　波與波的相對應，波體對波訊息的轉換才是真正的本相將所謂的生命世界還原成波動的本相會發現這是一個

荒唐、荒謬、荒誕的假世界，原來這是一個自己和自己對話，自己造生自己，自己分裂自己，自己殺害自己，自己吞噬自己，自己鄙視自己，自己謀奪自己，自己姦淫自己的假世界。

天是波，地也是波，氣是波，水也是波，凝聚態的波體飛在波的天裏，凝聚態的波體跑在波的地裏，凝聚態的波體悠游在波的水裏，呼吸著波，啜飲著波，吃食著波，享受著波，在這一場波動下實現所謂的生命，在這一場波動之下完成既是天堂又是地獄的對於生命的渴望。

這是一個波的動量，只有不同波長頻率的波動，這一場波動是生命世界真實的樣貌，這是一場孤絕的波，沒有任何質量，在連沒有也沒有的絕境中實現所謂的生命，生命是一場無論如何都是無奈的必然。

肆

生命的目的

肆 生命的目的

感覺存在 就是所謂生命的目的

The feeling of being existence is the purpose of life.

生命存在，物質存在的感覺全都是波訊息在自體內轉換後的偽知覺，所謂的存在是偽知覺，而九個體器官的感應知覺都是偽覺偽象；生命就是以偽覺偽象來完成一場實現生命證明生命的自我欺騙，生命是一場不得不行，不得不實現的自我廢刻self-fake與廢得self-fate，為了滿足體器官需求而製作出的繪畫、音樂、文章、歌唱、雕塑、舞踏、電影服裝、美食，與及因為滿足體器官需求而衍生出的淚水、笑容、痛苦、喜悅、仇恨、恩情、疾病、出生、死亡都是證明生命，實現生命的代名詞，卻也是終歸於空無的一場廢生廢得。

　　所謂的生命是一連串證明存在的過程與現象，而證明存在的過程與現象是一連串造假的術法所致之，因為實現所謂生命狀態的作用是一場極端振盪的波動，這一場稱做為「生命」的狀態並不是一個實體世界，生命真實的樣貌是不同波相的電磁波，而生命體的本身就是電磁波體wave-condensationer在電磁波波譜上九個體器官全形的生命體是最後一個形式的電磁波波形，九器全形的電磁波體也是自證生命存在主要的形式。

　　生命是一場自我證明，波動造生作用下主要實現的生命形態就是九器全形的凝聚態生命體，九器全形的凝聚態生命體以波對應wave-match effect的作用達成-「生命是存在」的目的，即接收不同波長頻率訊息波後以轉換成所謂的知覺和感受製造生命存在的企盼。

　　九器全形生命體的耳朵所聽，眼睛所看，皮膚所覺，鼻子所嗅，雙手所觸，嘴舌所嚐，腹肚所飽，陰下所殖，腦部所識者全是波動背景場裏不同波長頻率的電磁波，聲音是波，光亮是波，色彩是波，溫度是波，氣息是波，口味是波，形體是波，九器全形的凝聚態生命體內部存在的轉波定影作用將不同波段波相的電磁波轉換成自體之內的所謂感應知覺，把波轉換成自體內覺的所謂光，所謂色彩，所謂溫度，所謂氣味，所謂形體，也就是將波的本相

轉變成自體之內的偽知覺，即從虛無轉換成造假。

　　而來自於生命體自體轉換作用的信號源，特司它司特榮TESTOSTERONE內頻也同時在生命體內形成萬能對應的理型，特司它司特榮TESTOSTERONE內頻所形成的理型逼迫並刺激著九器全形的凝聚態生命體追求-特定完美電磁波，即美麗波形式的滿足，特司它司特榮TESTOSTERONE理型逼迫九器全形生命體的耳朵要聽得悅耳，眼睛要看得艷麗，皮膚要覺得溫暖，鼻子要嗅得芳香，雙手要撫得柔順，嘴舌要嚐得甘甜，腹肚要飽得足養，陰下要殖得悵悅，腦部要識得自證；而所謂悅耳的聲音，艷麗的形影，暖和的溫度，芳香的氣息，甘甜的味道就是特定完美的電磁波波形，特司它司特榮TESTOSTERONE內頻所形成的理型徹底讓凝聚態生命體活在一場本相是電磁波的狀態之中，讓凝聚態生命體彷彿獲得如同是真實的生命一般，醺醺然，陶陶然，但是特司它司特榮TESTOSTERONE內頻所形成的理型也同時讓凝聚態生命體活在一場罪惡的爭逐中，無可以覺，無可以醒地進行著-自己姦淫自己，自己迫害自己，自己謀奪自己，自己砍殺自己的實現生命的夢。

一、滿足體器官的需求 The satisfaction of organs

》有體器官就必然有需求 體器官能上的滿足是生命自證存在
　必然且絕對的事實現象

　　九個體器官是證明生命存在的工具，生命體一生的
工作就是要以九個體器官感應需求的滿足來做為生命是存
在的依據，九器全形的生命體是萬能的接收感應器，而九
個體器官齊備全形的生命型式就是萬能的波訊息接收感應
體，生命的過程與生命的自證就是透過九個體器官的滿足
以求得-「生命是存在」的目的。

　　所謂的生命體事實上是電磁波所凝聚而成的軀殼，
凝聚態生命體的九個體器官所聽，所看，所覺，所嗅，所
觸，所食者全部都不是實體，而是不同波長頻率波相的電
磁波，只是這些不同波相的電磁波經過了凝聚態生命體
的對應轉換後在自體內部變成了仿真仿實的感覺，從真實
波動的本相上省察，所謂的聲音、光影、色彩、溫度、氣
息、口味、物體重量、空間全是波訊息經過凝聚態生命體
轉波定影作用變換後產生在自體之內的偽知覺，生命體的
所有感應感受全部都是經過轉換後偽造的自體內覺。

　　波動造生作用以不同波長頻率的電磁波製造了一個仿真仿實的擬生狀態，這個波動作用下的擬生狀態在生命體自體之內創造了一個感應感受上擬真擬實的所謂生命世界！

(一)、全形波體 Nine sensors wave-condensationer

》生命體是電磁波的凝聚態在電磁波的波譜上九個體器官全形的凝聚態生命體是最後也是主要的一個波形式

　　波動造生作用所實現的生命狀態是一場感應自我，證明存在的造生機制，所謂的生命是波動造生作用下分裂的波形體，而每一個分裂的波形體所對應的是不同波長頻率的波訊息，並且將波訊息轉換成自體之內的所謂感應知覺，聲音、光亮、色彩、溫度、氣息、口味、形體、重量、空間的感覺，都是不同波長頻率的訊息波在自體之內的轉換後所產生出的偽知覺，而生命體就是以九個感應器所產生的偽知覺證明生命存在。

》九器的偽知覺是證明生命存在絕對必行的機制

　　九個體器官-耳、眼、膚、鼻、手、嘴、腹、陰、腦所感覺感應的是不同波長頻率的波，或者說是電磁波。

　　所謂碳基蛋白質的生命體其實是假原子凝聚態的電磁波體wave-condensationer，九個體器官其實是九個不同波段波相電磁波的接收感應器，九個體器官也是全波相的感應形體，九個體器官全形的生命體是全波相的感應器，從低振幅長波距，疏頻率的所謂聲音，到眼睛所看見的光和色彩，鼻子所嗅辨出的臭香氣息，再到短波距，高頻率的嘴舌所嚐食到所謂甘辣酸苦鹹的凝聚態物質口味全都是電磁波，波動造生作用下生命體所接收到的聲音是電磁波，光亮色彩是電磁波，腥臭芳香是電磁波，甘辣酸苦鹹的口味也是電磁波。

　　從耳朵接收到的長波距疏頻率的聲音到嘴口所吃食凝聚態動量波相的所謂甘辣酸苦鹹口味全是電磁波，九個體器官所聽，所看，所覺，所嗅，所觸，所食，所飽，所殖，所識者全是不同波長頻率的電磁波，也正是因為不同波段波相的差異才造成生命體不同的所謂感覺感受。

》滿足九個體器官需求就是生命的自我證明

　　九個體器官是九個波相的接收感應器，九個波相的感覺就是從長波距疏頻率到極短波距極密頻率的凝聚態電磁波的接收和轉換。

　　九器全形的凝聚態生命體所接收所感應的不是實體，而是不同波長頻率的電磁波，所謂物質實體的感覺是電磁波訊息經過自體轉換作用改變後產生在自體之內的偽知覺，這個自體轉換機制叫做-「特司它司特榮轉換 Testosterone switch」，自體轉換作用將不同波長頻率的電磁波訊息接收後在自體內部轉變成所謂的聲音、光亮、色彩、溫度、氣息、口味、形體、重量、空間。

(二)、九器內覺 Nine sensors's fake-real interior

　　》有器官就有需求 生命行為就是要滿足體器官的需求
　　滿足九個體器官需求是證明生命存在的絕對機制

　　九個體器官是九個不同波段波相的感應器，九器全形的生命體所聽，所看，所覺，所嗅，所觸，所食，所飽，所殖，所識者全是波，不同波長頻率的電磁波，凝聚態電

磁波軀殼的九個感應器是證明生命存在的工具。

　　凝聚態電磁波軀殼所有的感應都是波，就從波的本相上省察所謂的生命現象，這一場波動造生的狀態根本是一場自己姦淫自己，自己砍殺自己，自己謀害自己，自己吞食自己，自己欺騙自己，自瀆自悅，自淫自樂，荒唐、荒誕、荒謬的夢境。

(1) 耳朵的自體內覺 The fake-real in ear

　　耳朵就是最低振幅波相的接收感應器，由耳朵體器官所接收的波段稱為聲音，耳朵是凝聚態生命體的收音機。

　　1.波對應 Wave match

　　耳朵所接收到電磁波波長範圍為1.7cm至17m之間，頻率範圍約在20HZ赫茲到20,000HZ赫茲的波動是所謂可聽音聲的本相。

　　2.偽知覺 fake-real

　　聲音是自體之內的偽知覺，生命體自體將電磁波波長範圍為1.7cm至17m之間，頻率範圍約在20HZ赫茲到20,000HZ赫茲的波動轉換成耳器官所聽到的所謂聲音，事實上在生命體之外的是波，不同波長頻率的訊息波，所謂的聲音是轉波定影作用改波為聲的偽知覺。

　　3.特定完美電磁波形 pleasing wave

　　貝多芬，莫札特，卡本特兄妹，麥克傑克森的歌聲和樂曲就是特定完美電磁波形，所有與特司它司特榮TESTOSTERONE內頻理型相對應的波訊息就是完美電磁波波形。

　　凝聚態生命體的耳朵器官將波長範圍為1.7cm至17m之間的波動轉換成自體內覺的所音聲，其實在耳朵接收之前的真實狀態是，長波長，疏頻率的波動，耳朵所接收的波長範圍是九個體器官中振盪頻率最低的波動訊息。

　　耳朵所接收的波長範圍雖然是最低振幅的波動但是卻帶給生命體最大的影響，生命體把這一個振幅範圍的波動在自體內轉換成所謂的音聲，並且在特司它司特榮TESTOSTERONE內頻理型的逼迫之下製作出相對應抑揚頓挫，韻律合諧，讓生命體產生愉悅快樂的所謂天籟樂音。

　　其實耳朵所享受的是波動，但是經過轉波定影作用的轉換後就在自體之內變成了聲音，聲音在耳朵接收前的本相是波，是最低振幅的波。

(2) 眼睛的自體內覺 The fake-real in eye

　　眼睛所接收的波段稱為光、色彩、形體，眼睛體器官的功能如同是凝聚態生命體上的電視機。

1.波對應

眼睛所接收到波長為390nm奈米至780nm奈米，頻率為384Thz兆赫至769Thz兆赫的電磁波是所謂光和色彩的本相。

眼睛所對應接收到

波長622nm-780nm 頻率384Thz-482Thz即所謂的紅色

波長597nm-622nm 頻率482Thz-503Thz即所謂的橙色

波長577nm-597nm 頻率503Thz-520Thz即所謂的黃色

波長492nm-577nm 頻率520Thz-610Thz即所謂的綠色

波長455nm-492nm 頻率610Thz-659Thz即所謂的藍色

波長390nm-455nm 頻率659Thz-769Thz即所謂的紫色

波長從390nm奈米至780nm奈米，而頻率從384Thz兆赫至769Thz兆赫的電磁波各波段差異即是所謂色彩的真實本相。

2.偽知覺

光影、色彩、形體是自體之內的偽知覺，生命體將眼睛所接收到波長為390nm奈米至780nm奈米，頻率為384Thz兆赫至769Thz兆赫的電磁波轉波定影成自體內覺的所謂光亮、色彩和形體。

每一個假原子凝聚態的所謂物質與生命體會與同波段的波動相對應，讓眼睛看得見所謂的物質形體，但所謂的

物質和生命體其實是電磁波的凝聚態，眼睛所看見的是波訊息在自體內部轉波定影作用後的偽知覺。

　　3.特定完美電磁波形

　　黃金、鑽石、彩虹、梵谷的繪畫，有曲線的裸體，就是特定完美的電磁波形，所有與特司它司特榮TESTOSTERONE內頻理型相對應的波訊息就是完美電磁波波形。

　　生命體內其實早已預置一個對應的理想內型，波動狀態裏所有多彩多姿，艷麗嬌媚的形體就是這一個內在理型所要尋求滿足的完美電磁波波形，即特司它司特榮TESTOSTERONE內頻理型的對應符合。

　　假原子凝聚態的黃金與鑽石所散發的波長頻率經過了生命體轉波定影機制的改變後就變成了眼睛所感覺到的所謂光澤閃耀，晶瑩剔透的偽知覺，生命體天生就愛黃金，生命體天生就愛鑽石，因為預置內在理型對應的相符合，使生命體產生愉悅的內電流，擁有黃金，擁有鑽石使生命體產生所謂快樂和欣喜的感覺

　　眼睛也愛看曲線玲瓏，凹凸有緻的裸體，其實生命體內部早已預置了一個喜愛裸體的內在理型，即特司它司特榮TESTOSTERONE內頻理型相對應的符合，其實所有曲線玲瓏，凹凸有緻的裸體都是假原子凝聚態的電磁波體，

所謂的曲線玲瓏，凹凸有緻，是生命體對於波訊息的對應和轉換，凝聚態的電磁波體經過了生命體轉波定影的變換後就變成了所謂曲線玲瓏，凹凸有緻的裸體，生命體看到的其實是波，或者說是凝聚態的電磁波，美麗嬌艷的形體其實是波訊息，而生命體天生就喜愛漂亮的裸體，眼睛天生就喜愛尋看美麗嬌艷的形體。

眼睛所看見到的所謂生命世界全是自體轉波定影作用改變後的假象，去除了轉波定影機制的造假，而眼睛還能看得見的景象將全是波，光是波，色彩是波，形體是波，只有波，根本是無色無影無形的波動，沒有所謂的物質，也沒有所謂生命體，只有波。

睜開雙眼所看見的永遠都是假的，生命體眼睛所呈現的光亮、色彩、形體都是自體造假的內覺，眼睛裏的世界是波訊息轉換後的偽覺偽象，所謂的生命世界其實是感官造假的內在轉換，眼睛是自己欺騙自己最有效益的感應器，透過了特司它司特榮TESTOSTERONE振盪內頻的遮蔽與屏障，眼睛裏造假的世界徹底騙住了自己。

(3) 皮膚的自體內覺 The fake-real in skin

皮膚所接收的波段稱為溫度，皮膚體器官是凝聚態生命體的溫度感測器。

1.波對應

皮膚所接收的電磁波波段從波長1毫米millimeter的紅外線區至紫外線區10nm奈米，頻率約10^{12} THZ到10^{18} EHZ範圍的訊息波為生命體可感覺溫度的本相。

從波長短頻率密的紫外線區，波長為10nm至400納米nm，頻率Frequency從7.5×10^{14} Hz赫茲至 3×10^{17} Hz赫茲，約750THZ至30,000THZ 的範圍，中間經過可見光區到波長長頻率疏的紅外線區波長1毫米millimeter至750nm奈米，頻率$4\times10^{14}$to 1×10^{13}hertz赫茲，300GHZ-400THZ範圍的電磁波訊息，此波段的接收即為所謂可感溫度。

2.偽知覺

冷熱溫度的感覺是自體之內轉換波訊息後的偽知覺，生命體將皮膚所接收的電磁波波段從波長1 毫米millimeter的紅外線區至紫外線區10nm奈米，頻率約10^{12} THZ到10^{18} EHZ 範圍的訊息波轉換成為自體內所謂冷和熱的偽知覺。

3.特定完美電磁波形

溫暖的波訊息是膚體所需要的完美電磁波波形，所有與特司它司特榮TESTOSTERONE內頻理型相對應的波訊息就是完美電磁波波形。

所謂的太陽是波訊息的散發源，太陽散發的不是光，

也不是所謂的熱能，太陽散發的是波，所謂的熱能是假原子凝聚態的波形體接收波訊息後進行不可逆的波態改變，即波體自身波長頻率的重組，而凝聚態生命體同樣也是接收波訊息後自體產生內電波電流interior-wave，生命體自體所產生的內電波就是所謂的熱現象，所謂的熱是生命體接收波訊息後自體自動產生不可逆的反應，太陽的訊息波通知生命體產生內部電流訊號讓生命體以為有熱能的存在，而其實所謂的熱是自體內部的電波電流，根本沒有所謂的熱，也根本沒有所謂的溫度。

熱和冷是凝聚態生命體內部的訊息interior-wave，溫度的感覺是生命體自體轉波定影作用的偽知覺，在可見光譜紅光之外的紅外線波長700nm奈米～14,000nm奈米的波是通知生命體產生內部電流的訊息波，紅外線波不是熱，波長700nm～14,000nm的紅外線是通知凝聚態形體改變波態的訊息波，所謂的熱效應是生命體自身的偽知覺。

不同波長頻率的波訊息就會造成假原子凝聚態波體不同的反應，波體wave-condensationer 接收波訊息後所產生的感覺其實是內部的電流訊號，這種波體與波訊息的相對應就是生命存在的屏障術法，根本沒有所謂熱的現象，也根本沒有溫度，只有波訊息的通知signal-wave inform，只有波體wave-condensationer 接收波訊息後自體自動產生不

可逆的波態重組。

　　不同波長頻率的電磁波訊息就如同是開鎖的密碼，凝聚態的假原子接收和感應的是波訊息，事實上沒有所謂的熱能，所謂的熱現象是生命體自體的偽知覺，凝聚態生命體接收紅外線波段後自體將波訊息轉換成內部奔竄的電流，在自體內形成的內部電流就是所謂熱的感覺，凝聚態假原子接收了紅外線波訊息後自動產生波態改變，即凝聚態波長頻率的重組，這種波態的重組和變化在生命體的感覺上就是所謂的熱現象，事實上是紅外線波段訊息通知凝聚態假原子進行不可逆的波態重組，而不是熱能，熱的感覺是生命體自體內部的偽知覺。

(4) 鼻子的自體內覺 The fake-real in nose

　　鼻子所接收的波段進入到凝聚態假原子的波形態，鼻子所接收的凝聚態電磁波稱為氣味，鼻子體器官是凝聚態生命體的氣味分析儀。

　　1.波對應

　　鼻子所接收對應的是假原子凝聚態的組合訊息波，鼻子接收的波訊息形態進入至假原子凝聚波態。

　　假原子凝聚波態的電磁波波長直徑約10^{-10}公尺，1Å尺度，頻率為中子Neutrons × 質子proton ×電子Electron範

圍的綜合凝結波condensation wave，由電子所圍繞的原子核在線度10^{-15}m Hz 形成綜合型態的電磁波凝聚態

電子康普頓波長(Compton) 2.42631×10^{-21}m

質子康普頓波長(Compton) 1.32141×10^{-15}m

中子康普頓波長(Compton) 1.31959×10^{-15}m

氣味的電磁波本相在生命體轉波定影造假機制對應假原子的組合之下形成所謂的腥臭芳香。

2.偽知覺

氣味是自體之內的偽知覺，由nÅ尺度的凝聚態假原子波組合成所謂的氣味，氣味是由nÅ尺度的凝聚態假原子波組合成所謂的腥臭芳香。

3.特定完美電磁波形

茉莉花、百合花、野薑花、玫瑰花、滷肉、炒蔥蛋、性費洛蒙所散發的電磁波訊息是凝聚態生命體所需要的完美電磁波波形，所有與特司它司特榮TESTOSTERONE內頻理型相對應的波訊息就是完美電磁波波形。

芳香的假原子凝聚態波訊息是生命體內部，特司它司特榮TESTOSTERONE內頻理型在對應上所符合喜愛的完美波形，所有讓生命體自體內產生愉快電流的波訊息都是生命體追求滿足的完美波形，從花散發的香氣，雙性雌雄生殖體之間的所謂性費洛蒙都是讓生命體產生愉悅興奮電

流的完美波形，生命體在特司它司特榮TESTOSTERONE
內頻理型的驅使下天生地就喜愛芳香的氣味。

(5) 雙手的自體內覺 The fake-real in hands

雙手所接收的波段稱為形體，雙手體器官是凝聚態生
命體的形體感測器。

1.波對應

手部所接收對應的是假原子凝聚態的組合訊息波，手
部接收的波訊息形態完全是假原子的凝聚波態。

假原子凝聚波態的電磁波波長直徑約10^{-10}公尺，1Å尺
度，頻率為中子Neutrons × 質子proton ×電子Electron範
圍的綜合凝結波condensation wave，由電子所圍繞的原子
核在線度10^{-15}m Hz 形成綜合型態的電磁波凝聚態。

電子康普頓波長(Compton) 2.42631×10^{-21}m

質子康普頓波長(Compton) 1.32141×10^{-15}m

中子康普頓波長(Compton) 1.31959×10^{-15}m

2.偽知覺

形體和重量是自體之內的偽知覺，柔軟、尖銳、粗
糙、硬實的感覺是不同凝聚態波長頻率電磁波所造成的差
異，除了形體的感覺是偽知覺，手部所感覺到的所謂-重
量，也是電磁波訊息的轉換，即波訊息與波體的接收對

應，生命體轉波定影的作用將假原子凝聚態的電磁波訊息
轉換成所謂重量的偽知覺。

3.特定完美電磁波形

舒柔綿軟，適宜輕巧是生命體所喜愛的完美電磁波形
所有與特司它司特榮TESTOSTERONE內頻理型相對應的
波訊息就是完美電磁波波形。

雙手是負擔再創造工程Recreat的感應器官，在整個
生命體系統的協調下雙手能夠譜曲奏樂，能夠執筆繪畫，
能夠縫紉裁剪，能夠烹飪調煮，雙手的再創造工作，也使
生命體能夠重新組合凝聚態物質並進行再感應。

(6) 嘴舌的自體內覺 The fake-real in mouth

嘴舌所接收的假原子凝聚態波段稱為口味，嘴舌體器
官是凝聚態生命體的味覺感測器。

1.波對應

嘴舌所接收對應的是假原子凝聚態的組合訊息波，嘴
舌接收的波訊息形態完全為假原子凝聚波態。

假原子凝聚波態的電磁波波長直徑約10^{-10}公尺，1Å尺
度，頻率為中子Neutrons × 質子proton ×電子Electron範
圍的綜合凝結波condensation wave，由電子所圍繞的原子
核在線度10^{-15}m Hz 形成綜合型態的電磁波凝聚態。

電子康普頓波長(Compton) 2.42631×10^{-21}m

質子康普頓波長(Compton) 1.32141×10^{-15}m

中子康普頓波長(Compton) 1.31959×10^{-15}m

2.偽知覺

口味是自體之內的偽知覺，酸鹹苦甜鮮辣的口味是不同波長頻率假原子凝聚態電磁波訊息的差異。

3.特定完美電磁波形

甘甜鮮香是凝聚態生命體所喜愛的完美電磁波波形，甘甜鮮香也是與特司它司特榮TESTOSTERONE內頻理型相對應符合的完美電磁波波訊息。

生命體的嘴舌一定要嚐食甘甜鮮香的凝聚態電磁波，甘甜鮮香是生命體嘴舌絕對不能妥協的對應波形，不能吃食到所謂的甘甜鮮香，生命體自體會在內部產生痛苦電流，使生命體不愉快，鮮香甘甜的所謂美食使生命體產生快樂的感覺，在特司它司特榮TESTOSTERONE內頻理型的逼迫下，生命體一定要尋食到甘甜鮮香的所謂美食。

(7) 腹肚的自體內覺 The fake-real in stomach

腹肚所接收的波段是假原子凝聚波態的所謂物質，腹肚體器官是凝聚態生命體的波體分解器。

1.波對應

　　腹肚所接收對應的是假原子凝聚態的組合訊息波，腹肚接收的波訊息形態完全為假原子凝聚波態。

　　假原子凝聚波態的電磁波波長直徑約10^{-10}公尺，1Å尺度，頻率為中子Neutrons × 質子proton ×電子Electron範圍的綜合凝結波condensation wave，由電子所圍繞的原子核在線度10^{-15}m Hz 形成綜合型態的電磁波凝聚態。

　　電子康普頓波長(Compton) 2.42631×10^{-21}m

　　質子康普頓波長(Compton) 1.32141×10^{-15}m

　　中子康普頓波長(Compton) 1.31959×10^{-15}m

　　2.偽知覺

　　飽足是自體之內的偽知覺，凝聚態生命體所滿足的是凝聚態的電磁波，腹肚分解各個形態的假原子凝聚波以維持同樣是假原子凝聚態電磁波體的存在。

　　3.特定完美電磁波形

　　所謂的蛋白質，胺基酸其實是假原子凝聚態的電磁波，所謂的營養是維持電磁波體wave-condensationer結構的完整，凝聚態生命體的飽足感其實是電磁波訊息的轉換，同時也是飽足特司它司特榮TESTOSTERONE內頻理型。

　　從波的本相上省察，生命體的嘴舌所嚐食的是假原子凝聚態的電磁波，而腹肚所飽足的其實也是電磁波，腹肚

所分解的所謂營養其實是不同波長頻率假原子凝聚態形式的電磁波，生命體的本身就是凝聚態的電磁波體，生命體所吃食所飽足的全是電磁波。

在背景場是波動造生的狀態裏，無一不是電磁波，也無體不是凝聚態的電磁波體，從波的原相上看所謂的生命現象其實是一場波與波的相對應，一場分裂的波wave-fission造成這一個所謂的生命世界，生命體吃得的是波，生命體所飽足的也是波，生命體吃得的其實是分裂的自己，生命體所吞噬的是分裂的自己。

一豬一牛是分裂分形的波體，一草一葉是分裂分形的波體，一場波動分裂將一個波形分裂成無數個形體，生命體吃嚼在嘴裏的是分裂分形的另一個自己，生命體所吞噬下肚的也是分裂分形後的另一個自己，生命是自己殺自己，生命是自己吞食自己，生命是一場荒謬、荒唐、荒誕的波生波世。

(8) 陰下的自體內覺 The fake-real in genitals

陰下部所感應的波段波相是相對應的凝聚態波體，陰下部體器官是凝聚態生命體的波體分裂器。

1.波對應

》陰下部體器官所接收對應的是假原子凝聚態的組合訊息波

假原子凝聚波態的電磁波波長直徑約10^{-10}公尺，1Å尺度，頻率為中子Neutrons × 質子proton ×電子Electron範圍的綜合凝結波condensation wave，由電子所圍繞的原子核在線度10^{-15}m Hz 形成綜合型態的電磁波凝聚態。

電子康普頓波長(Compton) 2.42631×10^{-21}m

質子康普頓波長(Compton) 1.32141×10^{-15}m

中子康普頓波長(Compton) 1.31959×10^{-15}m

2.偽知覺

悵殖悵悅是為製造波體分裂的偽知覺，特司它司特榮TESTOSTERONE內頻理型逼迫凝聚態生命體進行分體增殖分裂。

3.特定完美電磁波形

性慾遺殖的快感是自體內部產生的愉悅電流所致，特司它司特榮TESTOSTERONE內頻理型強烈逼迫凝聚態生命體進行波體分裂。

在特司它司特榮TESTOSTERONE內頻理型強烈逼迫之下雙性雌雄分體生殖形式的凝聚態生命體追求所謂體態健美，身形窈窕，羽彩翼銳，毛豐爪利，富金厚財的外象做為甘願雌伏受殖的依據。

　　雙性雌雄分體生殖形式的凝聚態生命體透過眼睛的觀看，透過耳朵的聆聲，判斷出最健美的身形體態，如孔雀雉雞斑斕眩目的羽翼，如畫眉金絲雀婉轉悠揚的鳴唱，都是生殖選擇的依據，這種依據體形健美和歌聲悅耳的生殖選擇形式其實是維持美麗的機制。

　　而九器全形雌雄分體生殖形式的凝聚態軀殼，除了要求體形健美和歌聲悅耳的形式外，更要求以擁有最多黃金，擁有最多鑽石的軀殼做為陰下部生殖的依據，於是擁有最多黃金鑽石的軀殼變成了最美麗的象徵。

　　所謂的生命體是假原子凝聚態的電磁波軀殼wave-condensationer，在波動造生狀態裏的每一個凝聚態電磁波軀殼所接收和感應的其實是不同波長頻率的電磁波，只是在特司它司特榮TESTOSTERONE內頻轉波定影的作用下所有的電磁波全都變成了物質實體。

　　電磁波軀殼用轉波定影作用轉變後的偽知覺欺騙住自己，其實每一個生命體都是波動造生場裏分裂的波形體，所謂的生殖其實是一個波形的再分裂，每一個凝聚態軀殼的陰下部所姦淫的波形體其實是另一個分裂的自己，這個波動造生作用所製造出的狀態其實是一個自己和自己對話，自己愛戀自己，自己姦淫自己，自悅自瀆，自淫自樂，荒唐、荒謬、荒誕的假生命，假世界，生命是一場精

神和意識分裂的波生波世。

(9) 腦部的自體內覺 The fake-real in brain

腦部接收全波段的感應，腦部體器官是凝聚態生命體的全波相感應知覺器。

1.波對應

接收全波段，匯整全波相。

2.偽知覺

生命存在的意識，九器的感應全是偽知覺。

3.特定完美電磁波形

生命意識是自體之內的偽知覺，特司它司特榮TESTOSTERONE內頻的轉波定影作用在凝聚態的軀殼之內製造了一個仿真仿實的擬生假世界。

耳朵要聽得婉轉悅耳，眼睛要看得艷麗嬌媚，皮膚要覺得舒暢溫暖，鼻子要嗅得馨香芬芳，雙手要觸得柔順適宜，嘴舌要嚐得鮮嫩甘甜，腹肚要進得飽足營養，陰下要殖得愁歡悵悅，腦部要識得自生自證。

生命是一個現象，一個由波動所製造出仿真仿實的擬生現象，凝聚態的電磁波軀殼以波相的轉換製造出物質存在生命也存在的感覺。

但是生命在證己自覺的體驗裏，最終會發現原來

是一場空無，生命原來是一場仿真Real Imitation和擬態
Mimicry。

(三)、感應知覺是偽知覺 Feeling is Fake-real

　　凝聚態生命體內部各種所謂的感覺，其實是自體內的
波訊號，或者說是自體內不同波長頻率的電波電流，感覺
其實就是自體電波的奔竄。

　　感覺是生命的自證，凝聚態的生命體一生要追求的就
是九個體器官的滿足，九個體器官的感覺是生命存在的證
明有器官就絕對有需求，耳、眼、膚、鼻、手、嘴、腹、
陰、腦的需求是凝聚態電磁波軀殼用以證明生命的唯一術
法，凝聚態電磁波軀殼的所謂感覺是證明生命存在的企
圖。

　　假原子凝聚態的生命體接收波動造生場域裏各種不同
波長頻率的電磁波訊息後產生不可逆的自體波態反應，在
特司它司特榮Testosterone內頻轉波定影的作用下將太陽
散發出的波解釋成為所謂的光亮和色彩與及所謂的溫度，
不同波段訊息波的接收對應造成所謂不同體器官的感覺，
自體造假的偽知覺。

　　「光」並不存在，所謂的光是生命體自體轉波定影
後造假的偽知覺，光的感覺是存在於生命體自體內的電波

電流，生命體之外根本沒有光，只有波，只有不同波段波相的訊息波，生命體將外波解釋並轉換成自體感應的所謂光、色彩、溫度和形體。

快樂和悲傷也都是造假的偽知覺，疼痛和快樂都是自體假原子荷爾蒙電波電流在凝聚態軀殼體內的奔竄，符合特司它司特榮Testosterone內頻者就會產生所謂的腦內啡C2H5OH即愉快電流，這個假原子型態的電流就是所謂的快樂，快樂其實是凝聚態軀殼內部假原子態電流的奔竄，而得不到或不是符合特司它司特榮Testosterone內頻的需求者凝聚態軀殼內部就會釋放出所謂焦躁暴動的痛苦壓力荷爾蒙，即腎上腺素C9H13NO3假原子態電流讓凝聚態軀殼焦慮痛苦。

生命體是電磁波凝聚態的軀殼，九個體器官是感應波訊息的工具，凝聚態軀殼的所有感應全都是不同波段波相波訊息的接收和轉換，耳朵所聆聽的是波，眼睛所觀看的是波，皮膚所感覺的是波，鼻子所嗅聞的是波，雙手所碰觸的是波，嘴舌所嚐食的是波，腹肚所飽足的是波，陰下所遺殖的是波，腦部所識證的是波。

凝聚態軀殼將不同波段波相的訊息波接收後全都轉換成造假的偽知偽覺，轉波定影作用將波訊息轉換成自體內部所謂的聲音、光亮、色彩、溫度、氣息、形體、口味、

飽足、悵悅、自識。

有器官就絕對有需求，九個體器官感覺的滿足是生命體無可避除的工作，耳朵一定要聽得悅耳，眼睛一定要看得艷麗，皮膚一定要覺得溫暖，鼻子一定要嗅得芳香，雙手一定要撫得柔順，嘴舌一定要嚐得甘甜，腹肚一定要食得飽足，陰下一定要殖得悵悅，腦部一定要識得自證。

生命體存在的目的就是要自覺自證，而九個體器官需求的滿足就是自證生命存在的工作，九個體器官的感覺是生命存在的證明，生命真實的本相是一場空無，生命真實的內裏其實是連沒有也沒有Even non non，生命只是一個現象，一個自己欺騙自己的現象，眼睛所看見到的全是造假的，雙手碰觸的全都是造假的，一場波的轉換和感應騙住了自己，生命是什麼？生命就是用轉換後的偽知覺騙住自己！

二、罪惡是生命的全部 The sin is all of life

凝聚態生命體的九個體器官是九個波段波相的感應工具，這九個感應需求的滿足是生命存在的證明，耳朵不但要聽還要聽得悅耳天籟，眼睛不但要看還要看得嬌媚艷麗，膚體不但要暖還要穿得金鑽璀璨，鼻子不但要嗅還要

嗅得馨香芬芳，雙手不但要拿還要掠得珍珠白銀，嘴舌不但要吃還要嚐得鮮嫩甘甜，腹肚不但要飽還要滿得稀奇高貴，陰下不但要殖還要遺得淫亂暢快，腦部不但要識還要妄成馭天大帝。

波動造生作用下的生命世界就是天堂，就是地獄，沒有其它空間，也沒有次元分別，天堂和地獄同在這一個波動造生作用下的狀態裏。

所有波動分裂狀態下的凝聚態生命體軀殼裏都躲藏著一個通天同索同繫的靈魂，這一個通天的靈魂是啟動凝聚態生命體軀殼知覺的源頭，它所振盪出的電波形成了每一個分裂凝聚態軀殼的自我意識，在分別意識作用的功能下，所有分裂的軀殼各自區別，劃分你我，於是從此相互殺戮，相互掠奪，相互仇恨，彼此肢解，咬噬，吞食，並且也開始所有最光怪陸離的所謂罪惡。

這一個讓凝聚態軀殼產生自我獨立意識，彼此劃分的靈魂卻也是所謂愛與善的源頭，善愛與罪惡全是出自於這一個靈魂，所有的凝聚態生命體都牢牢地綁縛在這一通天的繩索上，無可逃避，無以掙脫，這一個讓生命體產生罪惡，產生善和愛的通天靈魂，叫做「特司它司特榮TESTOSTERONE」，九個體器官就是特司它司特榮TESTOSTERONE用以證明生命存在的工具，

生命體九個體器官的需求全都是在滿足-特司它司特榮 TESTOSTERONE 而所有的感應知覺也全都是它所轉換出的假象，生命體也因為它的指引而活在電磁波的漿湯裏。

「特司它司特榮TESTOSTERONE」是生命體內部的振盪晶體，它所振盪出的信號源對應著所有早已預設的美好電磁波波形，就是特司它司特榮TESTOSTERONE的振盪內頻使生命體喜愛黃金，喜愛鑽石，喜愛窈窕玲瓏的裸體，喜愛悅耳天籟，喜愛芬香氣息，喜愛鮮嫩甘甜，喜愛華麗服飾，它讓生命體活在電磁波的狀態裏，它讓生命體精神分裂般地產生所謂的愛和所謂的罪！

(一)、九器需求與罪惡 The sin and nine sensors

黃金是凝聚態的電磁波，鑽石是凝聚態的電磁波，悅耳天籟是電磁波，艷麗色彩是電磁波，溫暖和煦是電磁波，馨香芬芳是電磁波，鮮嫩甘甜是電磁波，舒柔服順是電磁波，窈窕玲瓏凹凸有緻的裸體也是電磁波。

凝聚態的全形生命體有九個感應器，這九個感應器官是接收和轉換九個波段波相的工具，要證明生命存在就必須透過九個體器官的知覺感應來達成。

耳朵想要聽得天籟，眼睛想要看得艷麗，膚體想要覺得溫暖，鼻子想要嗅芳香，雙手想要撫得柔順，嘴舌想要

嚐得甘甜，腹肚想要飽得營養，陰下想要殖得悵悅，腦部想要識得自證，這九個體器官的感應知覺就是生命存在的證明，為什麼生命要如此自證？因為這個所謂的生命世界是造假的現象，就因為是造假的現象才要如此自證！

所謂的罪惡其實是自我欺騙的手段，生命現象裏所有的罪惡全都是為了要滿足九個體器官的需求，罪惡是生命的全部，生命體追求九個體器官感應知覺的滿足就是所謂的罪惡，耳朵的欲聽是罪惡，眼睛的欲看是罪惡，膚體的欲暖是罪惡，鼻子的欲香是罪惡，雙手的欲觸是罪惡，嘴舌的欲食是罪惡，腹肚的欲飽是罪惡，陰下的欲殖是罪惡，腦部的欲識是罪惡，九器對於美麗波形的欲想與欲行全部都是罪惡，可是在波動造生作用下的狀態裏不得不欲，不得不罪，不得不惡，因為追逐美麗波形式而產生的欲望罪惡是證明生命存在的唯一手段。

凝聚態的生命體是波分裂的形體，而每一個分裂的波形體內部都有一個同索同繫通天的靈魂，這個靈魂給予分裂的生命體獨立的自我意識，而產生區別，劃分個體的自我意識是行使罪惡的一個重要術法，透過獨立的自我意識和個體區別才能夠將所謂的刀械砍向另一個分裂的凝聚態生命體。

「特司它司特榮TESTOSTERONE」就是生命體內產

生自我意識劃分個體的靈魂，沒有一個凝聚態生命體不受它所逼迫，也沒有一個凝聚態生命體不受它的驅使，就是它使生命體產生知覺，特司它司特榮TESTOSTERONE轉波定影的造假作用除了將電磁波訊息轉換成九個體器官感應到的所謂光亮、色彩、聲音、溫度、氣息、口味、實體、重量、空間的偽知覺外，特司它司特榮TESTOSTERONE還讓所有分裂的凝聚態生命體變成-天使、魔鬼，俱於一體的怪物。

　　特司它司特榮TESTOSTERONE晶體在生命體內部所振盪出的信號源與外在訊息波的環境相對應，特司它司特榮TESTOSTERONE內頻的對應作用讓耳朵喜愛聽婉轉悅耳的天籟音聲，讓眼睛喜愛看艷麗嬌媚的婀娜裸體，讓鼻子喜愛嗅馨香芬芳的氣息，讓嘴舌喜愛吃鮮嫩甘甜的口味，而九個體器官所謂的欲望其實就是特司它司特榮TESTOSTERONE內頻的對應作用，所謂的悅耳音聲，艷麗嬌媚，馨香芬芳，鮮嫩甘甜，就是特司它司特榮TESTOSTERONE符合對應下所需要的特定完美電磁波波形。

　　喜愛黃金，喜愛鑽石，喜愛婀娜裸體，其實就是特司它司特榮TESTOSTERONE內頻對凝聚態生命體所下的命令，生命體註定喜愛黃金，註定喜愛鑽石，也註定喜愛婀

娜的裸體，那是因為黃金、鑽石、裸體的波形與特司它司特榮TESTOSTERONE內頻信號源的對應相符合所致之，生命體不得不喜愛黃金和鑽石，也不得不喜愛艷麗嬌媚婀娜的裸體，九個體器官所有的知覺感應全都受到特司它司特榮TESTOSTERONE內頻最嚴格的審度。

　　凝聚態的黃金與鑽石在轉波定影作用的轉換下，從眼睛的觀看是亮澤澄澄又晶瑩剔透的表象，但這並不是生命體喜愛的原因，而是因為黃金鑽石在電磁波的本相上與特司它司特榮TESTOSTERONE內頻的相對應完全符合；特司它司特榮TESTOSTERONE的振盪頻率在假原子凝聚態的軀殼內指引和逼迫九個體器官要聽得婉轉悅耳，要看得艷麗嬌媚要覺得和熙溫暖，要嗅得馨香芬芳，要吃得鮮嫩甘甜，因為悅耳音聲，嬌媚體態，和熙溫暖，馨香氣息，鮮甜口味就是感應生命，自覺生命存在的證明。

　　愛黃金，愛鑽石的表現就是對應作用的相符合，所謂的愛其實就是符合作用的對應，黃金鑽石的波相符合特司它司特榮TESTOSTERONE內頻的對應。

　　愛與罪同出於一個源頭，特司它司特榮TESTOSTERONE內頻是生命體的內在理型，它是對應九個波相的全能內頻，它是躲藏在生命體內的黃金和鑽石，它也是躲藏在生命體內的裸體，它在生命體內所振

盪出的波長頻率信號源會強迫著所有生命體去追求符合的波形，而九個體器官所喜愛的其實就是特司它司特榮TESTOSTERONE內頻的對應作用。

聽得了婉轉天籟，看得了嬌媚艷麗，覺得了和煦溫暖，嗅得了芬芳馨香，吃得了鮮嫩甘甜，特司它司特榮TESTOSTERONE內頻會在生命體內發送讓生命體感覺快樂愉悅的電流；相反地，聽不到天籟，看不到艷麗，覺不到溫暖，嗅不到芳香，吃不到鮮甜，特司它司特榮TESTOSTERONE內頻會放出讓生命體感覺不舒暢的痛苦電流以刺激生命體去尋求滿足，而擁有了黃金鑽石，擁有了嬌艷裸體更讓特司它司特榮TESTOSTERONE內頻加大快樂愉悅電流的強度，於是乎為了要獲得快樂電流所帶來的舒暢感所有分裂的凝聚態生命體無不付出全力，即使要砍殺另一個生命體，即使自體也要付出生命亦在所不惜。

生命體無論聽、看、覺、嗅、觸、吃、思，都要使用到特司它司特榮TESTOSTERONE內頻，又或者說，特司它司特榮TESTOSTERONE內頻無時無刻不控制著生命體，就連呼吸，就連喝水，也全都是特司它司特榮TESTOSTERONE內頻的指使和逼迫。

想要聽，想要看，想要暖，想要嗅，想要觸，想要吃，想要飽，想要殖，想要識，九個體器官的欲想全是特

司它司特榮TESTOSTERONE內頻的刺激，但也就是因為特司它司特榮TESTOSTERONE內頻的逼迫與刺激，生命體才能活在波動造生作用的狀態裏，所謂的罪惡是實現生命的無奈。

(二)、雙性雌雄生殖迷體 Sexual Testosterone drunker

雙性雌雄分體生殖形式的最大功效就是維持美麗的外衣和美麗的表象，或者說雌雄分體生殖形式有效地保持和屏障了完美的電磁波波形，可是雌雄分體生殖形式也是發生罪惡最強烈的作用，雌雄分體生殖形式最大的特徵就是比較和爭鬥，爭多比勝，較強鬥美是雌雄分體生殖形式最明顯的表演。

爭多比勝，較強鬥美是雙性分體生殖形式維持完美電磁波波形的必然作用，在轉波定影造假狀態下眼睛的觀看是為了爭奪生殖權利，但從波動本相上的省察其實是為了維持完美的電磁波波形，而生殖體之間的爭鬥和比較也是發生所謂罪惡的成因，而這種生殖體彼此之間比較爭鬥行為的源頭和操控者就是，特司它司特榮TESTOSTERONE內頻的傑作，特司它司特榮TESTOSTERONE內頻就是要讓生殖體彼此爭鬥，相互較量。

特司它司特榮TESTOSTERONE內頻在雄性生殖體上

賦予最美麗，最健壯，最悅耳的羽翼體態與歌聲，特司它司特榮TESTOSTERONE內頻是所有生命形體的同質性內頻，不論是什麼型態的環境，也不論雌雄形式，所有的生命體都是特司它司特榮TESTOSTERONE內頻所掌握控制的迷體Drunker，從內在的知覺意識到外表的容貌體態，特司它司特榮TESTOSTERONE內頻完全並且牢牢掌控。

　　雌雄二性都是特司它司特榮TESTOSTERONE內頻所驅使的生殖迷體，雌性在特司它司特榮TESTOSTERONE內頻的審度之下會選擇羽翼體態歌聲最優美的雄性做為甘心雌伏受殖的依據，而雄性生殖體之間會彼此展現自身最優美的羽翼、體態、歌聲，相互爭鬥較量甚至以流血殺戮去獲得雌性的甘心受殖，這種為了生殖而血腥爭鬥的表現就是陰下部位的迷識，而根源就是因為特司它司特榮TESTOSTERONE內頻只要最美麗的形體，它只要最美麗的形體做為對應。

　　生殖迷識下的九器全形生命體也是完整形態的生殖迷體，九器全形的生殖迷體是絕對的罪惡形體。

　　九器全形的雌雄生殖迷體不但用最優美的體態相互迷惑，更將凝聚態的黃金和鑽石做為妝點自身的羽翼，九器全形的生殖迷體以累積最多黃金，最多鑽石做為美麗的象徵，因為黃金和鑽石是特司它司特榮TESTOSTERONE內

頻完全對應符合的特定電磁波波形，於是所有九器全形的生殖迷體瘋狂地，血腥地，用盡各種方式，各種伎倆，投入掠奪黃金，掠奪鑽石的爭鬥中，無以自醒！

美麗與罪惡是同義的詞句，最美麗的就是絕對的罪惡，可是不能沒有美麗的形式，因為美麗形式的滿足是生命存在的自我證明，美麗的波形是生命自我麻痺的標的，聽得悅耳，看得艷麗，覺得溫暖，嗅得芳香，吃得鮮甜就是生命存在的證明。

罪惡是追求美麗波形式無奈的手段，所有追求美麗的過程都是不得不的罪惡，這是實現生命不得不然的無奈，罪惡永無可避，罪惡永無可免，因為這是一個波動造生作用所實現的生命世界，美麗只是一個自我麻痺的標的，在特司它司特榮TESTOSTERONE內頻的指引下讓生命體九個體器官對應著天籟樂音，對應著艷麗嬌媚，對應著和煦溫暖，對應著馨香芬芳，對應著鮮嫩甘甜，它的對應作用讓生命體產生知覺，讓生命體活在電磁波的波相裏，特司它司特榮TESTOSTERONE內頻其實就是所有罪惡的唯一元兇，可是生命世界也因為它才能多姿多彩，豐富美麗，特司它司特榮TESTOSTERONE的世界是天堂，也是地獄！

(1) 愛 The love

愛的感覺其實是對應作用符合的表現，愛黃金，愛鑽石，愛樂音，愛艷麗，愛溫暖，愛馨香，愛柔順，愛鮮甜，愛飽足，愛裸體，所有的愛全出於一個源頭，愛是對應和符合電磁波波形的作用。

善和愛的表現其實和罪惡一樣都是偏執的格型，善愛和罪惡都是頻率識別作用下所產生出的偏格行為，識頻作用就是凝聚態軀殼對於電磁波波形的對應，符合特司它司特榮Testosterone內頻者就會產生所謂腦內啡C2H5OH即愉快電流，這就是所謂的愛，愛其實是凝聚態軀殼內部假原子電流的奔竄，而得不到或不是符合特司它司特榮Testosterone內頻的需求者凝聚態軀殼內部就會釋放出所謂焦躁暴動的痛苦荷爾蒙腎上腺素C9H13NO3假原子態電流讓凝聚態軀殼焦慮難堪。

愛和罪其實就是特司它司特榮Testosterone內頻對應的符合或不符合，符合者就會讓生命體產生愉悅快樂，不符合對應者特司它司特榮Testosterone內頻就會轉變成所謂的痛苦荷爾蒙讓生命體焦躁不安，所謂的愛其實是波動造生作用下凝聚態軀殼對應電磁波波形的識別作用，愛是生命的一種格式，愛是一種偏格。

愛黃金，愛鑽石，所有的愛全是因為符合對應了特司

它司特榮的內在駐頻和駐型，和罪惡的偏執格型一樣皆為特司它司特榮Testosterone 識頻判讀後控制生命體所決定採取的表演，愛是一種表演！

(2) 罪 The sin

凝聚態的生命體內部存在一個振盪信號源，這一個信號源對應著所有的電磁波訊息，耳朵所聽，眼睛所看，皮膚所覺，鼻子所嗅，雙手所觸，嘴舌所嚐，腹肚所飽，陰下所殖，腦部所識者全來自於這個內部頻率的對應，生命體所有的知覺全都是依靠這個內部振盪頻率的識別作用，這個內頻信號源是凝聚態生命體既定的先天形象，是預置在生命體牢不可破的內在理想形象，這個理型就是「特司它司特榮Testosterone內頻」。

所謂的天籟樂音，艷麗嬌媚，和煦溫暖，馨香芬芳，柔順舒適，鮮嫩甘甜，營養飽足的感覺就是內在駐守形象特司它司特榮Testosterone內頻接收和對應特定電磁波波形後所產生的偽知覺，其實所謂的聲音、色彩、溫度、氣息、物體全都是不同波段波相的電磁波。

所謂的罪惡就是得不到符合的電磁波波形，而生命體為求符合特定波形的滿足所採取的暴動就是所謂的罪惡，生命體聽不悅耳，看不艷麗，覺不溫暖，嗅不馨香，觸不

舒暢，吃不鮮甜，食不飽腹，殖不得歡，識不自證，凝聚態軀殼內的特司它司特榮Testosterone內頻，這一個內在理型便會釋放出令凝聚態生命體痛苦難堪坐立不安的電流，逼迫生命體去尋求理想形象，也就是特定電磁波波形的滿足。

　　黃金和鑽石就是符合特司它司特榮Testosterone內頻理型的對應，黃金和鑽石是假原子凝聚態的電磁波，黃金鑽石的波長頻率完全符合內在理型，特司它司特榮Testosterone內頻的對應。

》雙性生殖體無一不罪 無一不畜

　　特司它司特榮Testosterone內頻所形成的內在形象是指引凝聚態生命體活在波動造生作用狀態裏的屏障，它是生命體九個體器官知覺的源頭，就是因為特司它司特榮Testosterone內頻對於電磁波訊息的識別和對應，生命體才能有存在和存活的知覺。

　　耳朵想聽得悅耳，眼睛想看得艷麗，膚體想覺得溫暖，鼻子想嗅得馨香，雙手想觸得柔順，嘴舌想吃得鮮甜，腹肚想食得飽足，陰下想殖得悵歡，腦部想識得自證全是因為特司它司特榮Testosterone內頻理想形象的驅

使。

「美麗」的追求就是特司它司特榮Testosterone內頻理想形象的驅使與逼迫，聽得天籟，看得艷麗，覺得溫暖，嗅得馨香，吃得鮮甜就是美麗，特司它司特榮Testosterone內頻會釋放出讓生命體感覺愉悅爽快的電流，而擁有黃金，擁有鑽石，擁有裸體更會讓爽快的程度加大，於是所有雙性雌雄分體生殖形式的凝聚態軀殼無不用盡各種手段和詭計去掠奪。

「詭計」的行使全是特司它司特榮Testosterone內頻理想形象的驅使與逼迫，為獲得黃金與鑽石以妝點軀殼，當做漂亮皮毛羽翼的象徵，所有雙性雌雄分體生殖形式的凝聚態軀殼個體與個體之間無不用盡各種手段和詭計施行掠奪，甚至以集體相殺戮的大規模戰爭型態做為生殖優越的手段。

「戰爭」的發動全是特司它司特榮Testosterone內頻理想形象的驅使與逼迫，為獲得黃金與鑽石與及所有假原子凝聚態的土地物質以妝點軀殼，當做漂亮皮毛羽翼的象徵，所有雙性雌雄分體生殖形式的凝聚態軀殼集體與集體之間無不用盡各種手段和詭計施行殺戮和掠奪，甚至以大規模屠殺型態做為生殖優越的手段。

「道德」是特司它司特榮不得不做出的偽裝，是特

司它司特榮Testosterone內頻知覺下隱藏罪惡的糖衣與包裹骯髒醜陋的皮毛，同時也是特司它司特榮Testosterone內頻知覺追求美麗形式下的克制和約束，凝聚態生命體的知覺來自於特司它司特榮Testosterone內頻，所謂的道是特司它司特榮知覺的道，所謂的德是特司它司特榮知覺的德，在特司它司特榮Testosterone內頻知覺理想形象的驅使與逼迫下，既包藏住醜惡又避免徹底毀滅，特司它司特榮Testosterone內頻會以追求美麗形式的經驗，克制與學習約束求取平和。

　　特司它司特榮知覺下的道，特司它司特榮知覺下的德是偽道偽德，特司它司特榮Testosterone內頻的知覺不能停止愛樂音，愛艷麗，愛溫暖，愛馨香，愛鮮甜，愛黃金，愛鑽石，愛裸體，為獲得黃金與鑽石與及所有假原子凝聚態的土地物質以妝點軀殼做為美麗象徵，將黃金鑽石與土地物質當做漂亮皮毛羽翼象徵優越的意圖永不可避，所有雙性雌雄分體生殖形式的凝聚態軀殼個體與個體，集體與集體之間永無止盡的詭計、殺戮和掠奪與所有的骯髒齷齪，全都在道德皮毛的包裹下化為隱隱做祟，暗暗施行。

　　生命體無一不獸，生命體無一不畜，生命體無一不罪，生命世界的所謂痛苦，所有的鄙視、猜疑、自大、誇

言、憂傷、懼怕、怠惰、虛偽、偏私、剛愎、驕傲、嫉妒、怯懦、厭惡、怨懟、嘲訕、煩躁、固執、好奇、憤怒、苟且、比較、詛咒、嫌棄、謊言，所謂的罪惡，所有的鬥毆、傷害、搶劫、偷竊、姦淫、詆譭、詐騙、侵占、背叛、造謠、誣陷、謀奪、殺害、戰爭，全是生殖迷體為滿足特司它司特榮Testosterone主頻，為滿足九個體器頻率感應的駐型需求而產生獸徵畜化的病體行為，在病體行為中的所謂的淚水、笑容、痛苦、喜悅、仇恨、恩情，與及所謂的疾病，亦全都是特司它司特榮主頻駐波的賜予，電磁波造生的現象裏生命體無一不是獸徵畜化的病體！

》生命體無一不畜 生命體無一不罪

雙性雌雄分體生殖形式下的狀態根本不可能沒有爭鬥不可能沒有仇恨，不可能沒有罪惡，特司它司特榮Testosterone主頻就是要讓凝聚態的生命體互相爭鬥，彼此較量！

罪惡是為了要追求美麗，罪惡是為了滿足九個感應器官的需求，罪惡是為了符合特司它司特榮Testosterone主頻內在理型的對應，所有波動造生作用下分裂的凝聚態軀殼全部都是特司它司特榮Testosterone主頻控制下獸徵畜

化的電磁波形體，不可能沒有罪惡，不可能沒有殺戮，不可能沒有鄙視，不可能沒有嘲訕，生命體無一不畜，無一不罪，罪惡也成為了生命存在的證明。

(三)、特司它司特榮迷體 Testosterone drunker

》驕傲Pride　憤怒Wrath　妒忌Envy　不貞潔Lust
　貪食Gluttony 懶惰Sloth 貪婪Greed是生命的全部

　　爭最多黃金鑽石者必然趾高氣昂，必然驕傲，爭奪不到黃金鑽石者則必然憤怒，亦必然妒忌，而為求得黃金鑽石者則必然不貞潔，所謂的貪婪是雙性雌雄分體生殖形式爭多比勝較強鬥美必然的作為，所謂懶惰者則是不符合識頻作用即不符合特司它司特榮內頻Testosterone需要所採取的懈怠，為了聽得樂音，為了看得艷麗，為了覺得溫暖，為了嗅得芳香，為了吃得鮮甜，為了殖得悵悅，為了黃金，為了鑽石，為了婀娜的裸體，凝聚態的生命體必定努力，必定勤勞。

　　九器全形雌雄分體生殖形式的凝聚態軀殼，全都是特司它司特榮Testosterone主頻操控下的迷識迷體。

　　耳朵不但想聽還想聽得天籟就是迷識，眼睛不但想

看還想得艷麗就是迷識，膚體不止覺暖還要穿金戴銀就是迷識，鼻子不但要嗅還要嗅得芳香就是迷識，雙手不但想觸還想持得權柄就是迷識，嘴舌不但要吃還要吃得鮮甜就是迷識，腹肚不但要飽還要飽得珍稀古怪就是迷識，陰下不但想殖還想殖得淫穢就是迷識，腦部不但欲識還欲想永生不死成馭凌天地之王者就是迷識，所有特司它司特榮Testosterone主頻操控下的迷體全是迷識的軀殼，特司它司特榮Testosterone主頻所形成的迷識讓凝聚態軀殼活在電磁波波動的狀態裏迷生迷世。

(1) 美麗迷體 Testosterone drunker body

》美麗是自我麻痺的標的

特司它司特榮Testosterone晶體在凝聚態軀殼內所振盪出的信號源是萬能對應的內頻率，它完全主宰凝聚態生命體的思想知覺，它也決定凝聚態生命體的身形樣貌，它是所有美麗身形的靈魂。

孔雀眩目的羽翼，畫眉嘹亮的歌聲，獅子雄健的體態，獵豹速捷的奔馳，所有美麗的樣式全決定於特司它司特榮Testosterone晶體的振盪頻率，特司它司特榮

Testosterone晶體的振盪訊號是凝聚態軀殼的主頻率，由這一個主頻率造成獸徵畜化的美麗形體。

雌雄分體生殖形式下的雄性是美麗樣式的凝聚態軀殼，由假原子所組合成的所謂生命體其實是凝聚態的電磁波軀殼，雄性的美麗樣式是轉波定影作用呈現在眼睛的偽知覺，眼睛所看見的影像是特司它司特榮Testosterone晶體刻意的欺騙。

美麗的軀殼在分性分體的形式下展開爭鬥，從眼睛的觀看好像是不同的個體在彼此爭鬥，而其實是特司它司特榮Testosterone與特司它司特榮Testosterone的自我爭執，這是一場藉著凝聚態電磁波體所展開的騙局，其實鬥的是自己，爭的自己，那所謂為了美麗而起的爭鬥是一場自我矇蔽，自我欺騙，美麗的樣式只是自我麻痺的標的，生命以追求美麗的樣式做為自我欺騙的手段！

波動造生作用下的所謂生命體是分裂的電磁波凝聚態軀殼，特司它司特榮Testosterone內頻所製造出的美麗形體是自我欺騙最高明的術法，所謂的爭多比勝，所謂的較強鬥美其實只有一個自我在爭在鬥，那就特司它司特榮Testosterone主頻的自我爭執，生命體只是軀殼，真正在爭鬥的其實只有特司它司特榮Testosterone主頻自己。

從波動的本相覺思所謂的生命其實是一場自我愛戀，

自我褻瀆，自我淫穢，自我爭鬥，自我殺戮，而這一個自我就是特司它司特榮Testosterone主頻，每一個分裂的軀殼全是這一個靈魂所操控的傀儡，眼睛所看見到的每一個形體其實都是分裂的自己，每一個艷麗婀娜的裸體其實是分裂的另一個自己，所謂的生命其實是一場自己愛戀自己，自己爭奪自己，自己姦淫自己的美夢。

(2) 迷體意識 Testosterone drunker sense

》特司它司特榮Testosterone主頻讓生命體酖醉於追求美麗
　形式的滿足就是迷體意識

聽要悅耳，看要艷麗，覺要溫暖，嗅要芳香，觸要舒順，吃要鮮甜，飽要營養，殖要悵快，識要優越，還要黃金，還要鑽石，還要婀娜裸體，這些美麗的型式全是特司它司特榮Testosterone主頻讓生命體的酖醉，而這種對於美麗型式的酖醉就是生命存在的證明。

特司它司特榮Testosterone主頻是凝聚生命體內部的主要信號源，由它發號施令釋放各種不同訊息的電流，快樂的腦內啡C_2H_5OH和痛苦的腎上腺素$C_9H_{13}NO_3$全是特司它司特榮Testosterone主頻的識頻對應作用所採取的波

形變化，遇到所符合的事物，如黃金鑽石和婀娜裸體，特司它司特榮Testosterone主頻便會釋放讓生命體興奮快樂的腦內啡，如果得不到，特司它司特榮Testosterone主頻則又以痛苦焦躁暴動的腎上腺素逼迫生命體去尋求擁有黃金鑽石與婀娜裸體的滿足。

　　九器全形的生命體一生都要滿足特司它司特榮Testosterone主頻的對應，九個體器官的需求一定要符合特司它司特榮Testosterone主頻的對應，否則它會以痛苦電流大刑侍候，耳朵聽不到天籟樂音，眼睛看不到艷麗嬌媚，膚體覺不到和煦溫暖，鼻子嗅不到馨香芬芳，雙手觸不到舒適柔順，嘴舌吃不到鮮嫩甘甜，腹肚食不到營業飽足，陰下殖不到愁歡悵快，腦部識不到優越自證，特司它司特榮Testosterone主頻就以痛苦電流加諸生命體全身直至獲得滿足方休。

　　聽得天籟，看得艷麗，覺得溫暖，嗅得馨香，觸得柔順，吃得鮮甜，食得飽足，殖得悵悅，識得優越，又能獲得與特司它司特榮Testosterone主頻對應符合的黃金鑽石和婀娜裸體，特司它司特榮Testosterone主頻則以快樂電流賜予生命體舒暢，所以生命體無不拚死以獲得快樂電流，生命體的一生一世都在求取快樂電流的舒暢，生命體的一生一世也都在服務特司它司特榮Testosterone主頻。

三、特司它司特榮刺激 Testosterone stimulation

　　美麗的形式是自我麻痺的標的，特司它司特榮Testosterone刺激生命體追逐九個體器官的滿足，而追逐美麗形式的過程中所產生的罪愛惡善就是證明生命存在的手段，特司它司特榮Testosterone讓生命體俱天使魔鬼於一身，特司它司特榮Testosterone使所謂的生命世界既是天堂又是地獄！

　　這個所謂的生命世界是一場波動所形成的狀態，而所謂的生命體是這一個波動造生作用下波的凝聚態。

　　生命體的九個體器官是九個不同波段波相的感應器，由波所凝聚而成的生命體如同是萬能的感應機械，耳朵是收音機，眼睛是電視機，皮膚是溫度感測器，鼻子是氣息偵測器，雙手是形體探測器，嘴舌是味道感知器，但是生命體所聽，所看，所覺，所觸所食的全都不是實體物質，而是不同波長頻率的電磁波，就連生命體本身也是凝聚態的電磁波體wave-condensationer。

　　生命體九個體器官所有的感應全是波，九個體器官將不同波段波相的電磁波轉換成自體之內所謂的聲音、光亮、色彩、溫度、氣息、口味、形體，而這個轉波定影的轉換機制是由生命體內部的一個晶體振盪內訊號源所實

現，這個內部訊號源也同時對應著生命體九個體器官所有接收到的電磁波訊息，並且進行辨識。

這個振盪晶體就是C19H28O2分子式的所謂睪固酮，假原子凝聚態的碳C19 氫H28 氧O2組合成所謂的荷爾蒙激素，特司它司特榮Testosterone C19H28O2就是九器全形凝聚態感應體內部的振盪晶體，它所振盪出的內部訊號源是九個感應器知覺的源頭，就是祂-特司它司特榮Testosterone C19H28O2主頻讓凝聚態的生命體成為萬能的感應器。

特司它司特榮Testosterone C19H28O2主頻在生命體內部所振盪出的信號源將九個體器官所接收到的電磁波轉換成所謂的聲音、光亮、色彩、溫度、氣息、口味、形體、重量、空間，它是九個器官知覺的啟動源，它還塑造生命體美麗的外形外表，它在生命體內部所振盪出的信號源也同時形成九個體器官內在的理想形象，祂是萬能的對應內頻，就是祂讓生命體的耳能聽，眼能看，膚能覺，鼻能嗅，手能觸，嘴能吃，腹能飽，陰能殖，腦能識，祂讓波動的本相變成一個仿真仿實的擬真狀態，祂是通天的靈魂。

(一)、特司它司特榮理型 Testosterone ideal

》特司它司特榮Testosterone是辨認美麗波形的對應內頻

　　九器全形的生命體內先天上就已有黃金鑽石和婀娜裸體的理想形象，九器全形的軀殼只是按照這個理想內型去尋求滿足遭受操控的傀儡，九器全形軀殼的知覺就是來自於這一個理想內型的識頻對應作用，聽、看、暖、嗅、觸、吃、飽、殖、識的欲念都要符合這個理想內型的對應，愛與善是這個內在理型的偏執，罪和惡是這個理型逼迫凝聚態軀殼為滿足符合對應所採取的暴動，這個既是魔鬼又是天使的理想內型就是凝聚態軀殼裏的-特司它司特榮Testosterone晶體所振盪出的訊號源。

　　波動造生狀態下所有分裂的凝聚態電磁波軀殼裏都有一個相同的靈魂，這個靈魂是通天的絲絃，這個通天絲絃所律動出的頻率讓凝聚態的生命體軀殼產生知覺，產生意識，生命體更是按照這個通天絲絃律動出的旋律活在波動造生的狀態裏，這個通天絲絃的旋律是緊箍在生命體上一生一世的咒語。

　　每一個分裂的凝聚態九器全形軀殼裏都早已安置了

一個尋聽天籟，尋看艷麗，尋覺溫暖，尋嗅芳香，尋觸舒順，尋嚐鮮甜，尋食飽足，尋殖悵悅，尋識優越的靈魂，這一個靈魂是證明生命存在的唯一保障，祂的名字是-特司它司特榮Testosterone C19H28O2主頻。

　　C19H28O2假原子晶體在生命體內部振盪所形成的信號源是對應全波段波相電磁波訊息的全能內頻，它的信號源是生命體九個體器官知覺的源頭，它振盪出的波長頻率只對應特定美好的電磁波波形，悅耳的音聲，艷麗的形體，和暖的溫度，芳香的氣息，服順的觸感，鮮甜的口味，營養的飽足，悵歡的分殖，優越的自識就是特定美好的電磁波波形。

　　就是特司它司特榮Testosterone C19H28O2主頻讓生命體欲聽天籟，欲看艷麗，欲覺溫暖，欲嗅芳香，欲觸服順，欲嚐鮮甜，欲食飽足，欲殖悵歡，欲識優越。

　　凝聚態生命體內部早已有一個美麗又理想的形象，這一個美麗理想的形象就是特司它司特榮Testosterone C19H28O2主頻在生命體內部振盪出的信號源所產生的效果，也就是說C19H28O2主頻是生命體所有慾望的源頭，C19H28O2主頻才是真正的耳朵，真正眼睛，真正的皮膚，真正的鼻子，真正的嘴舌，真正的雙手，真正的腹肚，真正的大腦，生命體九個體器官的尋求感應其實就

是在滿足這一個真正的靈魂，特司它司特榮Testosterone
C19H28O2主頻。

　　C19H28O2主頻只對應特定美好的電磁波波形，假原
子凝聚態的黃金正是符合它的對應，假原子凝聚態的鑽石
也符合它的對應，而假原子凝聚態婀娜嬌艷的裸體也完完
全全符合它的頻寬對應。

　　生命體九個體器官早已有一個美好理想的內在形象，
這美好理想的內型就是C19H28O2主頻在內部所振盪出的
信號源所致，也就是說生命體早已有黃金、鑽石、婀娜裸
體的內形，生命體是軀殼，藉著軀殼去追尋九個體器官的
滿足以證明生命存在。

　　C19H28O2主頻讓九器全形的假原子凝聚態電磁波體
wave-condensationer成為全能的感應工具，C19H28O2主
頻信號源讓九個體器官一定要聽得天籟樂音，看得嬌媚艷
麗　覺得和煦溫暖，嗅得馨香芬芳，觸得柔順舒適，吃得
鮮香甘甜，食得飽足營養，殖得愁歡悵悅，識得優越自
妄，不能滿足九個體器官的需求，C19H28O2主頻會以痛
苦電流逼迫生命體尋求滿足。

　　C19H28O2主頻給予九器全形的凝聚態軀殼知覺與
能力，為了滿足C19H28O2主頻在生命體所形成的內在理
型，九器全形的凝聚態軀殼製作出繪畫、音樂、文章、歌

唱、雕塑、舞踏、電影、服裝、美食、科學等所謂的美麗藝術和探究自我的形式以證明生命存在，但也因為要滿足$C_{19}H_{28}O_2$主頻內在理型的需求，而衍生出所謂的淚水、笑容、痛苦、喜悅、仇恨、恩情、疾病、出生、死亡等證明生命的形式。

特司它司特榮Testosterone $C_{19}H_{28}O_2$晶體在凝聚態軀殼內所形成的信號源是所有事件和紛爭的製造者！

$C_{19}H_{28}O_2$晶體所振盪出的內頻是生命體內不可妥協的理想形象，九個體器官在它的指導與命令下必需去尋求特定美好波形的滿足，$C_{19}H_{28}O_2$主頻甚至以痛苦荷爾蒙電流逼迫生命體採取暴動，採取罪惡的形式以獲得滿足，這種採取罪惡暴動形式的現象尤其是在雙性雌雄分體生殖狀態下最為劇烈，所有荒唐古怪殘酷齷齪的罪惡表演在雙性雌雄分體生殖形式下表現地最為淋漓盡致。

陰下部位意識的無止盡擴張放大，使雌雄生殖迷體都欲想要享用最美好的電磁波波形，雌雄生殖迷體在生殖迷識所劃分出的階級下都要成為主宰波動造生狀態裏的帝王帝后，於是無止盡的殺戮，無止盡的爭鬥永不停歇，但也在生殖迷識的爭鬥之下證明生命存在。

任何形式的罪惡都是從$C_{19}H_{28}O_2$晶體振盪內頻所形成的理型來啟動，所有九器全形的凝聚態軀殼都是

C19H28O2內頻理型所操控的傀儡，無一不是。

　　C19H28O2內頻理型讓生命體製造紛爭，犯下罪惡，C19H28O2內頻理型讓分裂的凝聚態軀殼彼此仇恨，彼此輕蔑，彼此爭鬥，彼此砍殺，C19H28O2內頻理型賦予凝聚態軀殼的自我意識有效地讓分裂的軀殼忘卻所輕鄙，所中傷，所姦淫，所砍殺的是另一個自己。

　　C19H28O2主頻所形成的理想內型，讓凝聚態軀殼孜孜不息地追尋九器的滿足，罪惡因它而起，善愛也因祂而生，它砍殺自己，祂也創造自己，祂實現了生命，它也讓罪惡成了是證明生命存在的代名詞。

　　卻也是終歸於空無的一場廢生廢得！

(二)、特司它司特榮強迫症 Testosterone syndrome

》知覺其實是病 是嗜頻強迫症

　　對於美麗形式的渴望與追求是病，這種病叫做-特司它司特榮嗜頻強迫症

　　耳嗜聽樂音，眼嗜看艷麗，膚嗜覺溫暖，鼻嗜嗅芳香，手嗜觸柔順，嘴嗜嚐鮮甜，腹嗜食飽足，陰嗜殖悵悅，腦嗜識優越，嗜黃金，嗜鑽石，嗜婀娜裸體是病，九

器全形軀殼對於特定電磁波波形的偏執嗜好是病，波動造生狀態下所有分裂的假原子凝聚態生命體無一不病！

　　所謂的生命體是假原子凝聚態的電磁波體，九個體器官是九個波段波相的感應器，所謂的聲音、光亮、色彩、溫度、氣息、味道、形體、重量、空間的知覺是凝聚態軀殼內部轉波定影作用所製造的偽知覺，$C19H28O2$特司它司特榮Testosterone 晶體在凝聚態軀殼內所振盪出的訊號源將不同波長頻率的訊息波加以對應並轉換成軀殼內所謂的聲、光、色、溫、氣、味等自體內覺。

　　生命體的知覺就是要耳朵聽得天籟樂音，眼睛看得艷麗嬌媚，膚體覺得和煦溫暖，鼻子嗅得馨香芬芳，雙手觸得柔順舒適，嘴舌嚐得鮮嫩甘甜，腹肚食得營養飽足，陰下殖得愁歡悵悅，腦部識得尊貴優越，因為這九器的滿足是生命存在的證明，可是這九器知覺的欲求卻是一場病，一場不得不然無可避逃的絕症！

　　整個生命世界完全處在這一場巨大的病症之下，這場病症叫做-特司它司特榮強迫症候群Testosterone syndrome。

　　生命體會吃，會看，會嗅，會聽，其實就是生命最原點最初始的強迫症The original obsessive-compulsive disorder，生命體不但要吃，還要吃得甘甜鮮美，生命體

不但要看，還要看得艷麗嬌媚，生命體不但要嗅，還要嗅得芬芳馨香，生命體不但要聽，還要聽得悅耳天籟。

　　所有凝聚態的軀殼都有病，這個病叫做嗜頻強迫症，在波動造生作用下所實現的所謂生命世界裏，這是一場無可醫無可治的絕症，不可能去除$C_{19}H_{28}O_2$主頻的作用，沒有了$C_{19}H_{28}O_2$特司它司特榮Testosterone主頻在生命體上的對應作用，九個器官將全然失能失效，沒有$C_{19}H_{28}O_2$特司它司特榮Testosterone主頻的對應，耳不能聽，眼不能看，膚不能覺，鼻不能嗅，手不能觸，嘴不能嚐，腹不能食，陰不能殖，腦不能識，沒有了$C_{19}H_{28}O_2$特司它司特榮Testosterone晶體振盪內頻理型的對應，生命體知覺能力將完全失能。

》生命體無一不病

　　九器全形的凝聚態軀殼是$C_{19}H_{28}O_2$特司它司特榮Testosterone主頻操控下尋求美好電磁波波形的傀儡！

　　波動造生作用是實現生命唯一的術法，特司它司特榮主頻是凝聚態軀殼產生知覺唯一的保證，沒有特司它司特榮主頻的對應，凝聚態軀殼無所可知，無所可覺，沒有特司它司特榮主頻的理型的符合對應，凝聚態軀殼

的九器將無所可用，事實上沒有C19H28O2特司它司特榮Testosterone晶體的存在凝聚態生命體根本無以凝聚成形。

在C19H28O2特司它司特榮Testosterone主頻的對應作用下生命體才能尋求美好電磁波波形，九個體器官的滿足是證明生命存在的企圖，耳、眼、膚、鼻、手、嘴、腹、陰、腦，九器全形的凝聚態軀殼所聽、看、覺、嗅、觸、嚐、飽、殖、識者全都不是實體物質，而是不同波段波相的電磁波，九器將不同波相的電磁波接收後交由特司它司特榮Testosterone轉換成為自體內的偽知覺，聲、光、色、溫、氣、味、物、重量、空間的感覺都是波訊息轉換後呈現在自體內的偽知覺，生命徹頭徹尾是一場自我欺騙。

生命不但是一場騙局，還是一場用美麗形式自我麻痺，自我詭騙的詐術，特司它司特榮Testosterone主頻把不同波相的電磁波訊息轉換成樂音、光亮、色彩、溫度、氣息、口味、形體，還要求生命體尋聽天籟，尋看艷麗，尋覺溫暖，尋嗅馨香，尋觸柔順，尋吃鮮甜，在特司它司特榮Testosterone主頻對應作用的逼迫之下生命體還要參與爭奪黃金，爭搶鑽石，爭取婀娜裸體生殖權的戰鬥。

生命無一不病，耳欲聽是病，眼欲看是病，膚欲

暖是病，鼻欲嗅是病，手欲觸是病，嘴欲吃是病，腹欲飽是病，陰欲殖是病，腦欲識是病，生命無所不病，無處不病，生命體全是特司它司特榮強迫症Testosterone syndrome的絕症病患！

特司它司特榮Testosterone主頻操控並逼迫所有分裂的凝聚態軀殼要滿足九個波形的需求，九個體器官的滿足就是生命存在的證明，九器全形的生命體一定會喜愛黃金鑽石，也一定會喜愛窺看婀娜嬌媚的裸體，喜愛黃金鑽石，偷窺裸體全是因為特司它司特榮強迫症Testosterone syndrome所致，所有的生命體都欲聽，欲看，欲暖，欲嗅，欲觸，欲嚐，欲飽，欲殖，欲識，這些欲念欲想全是因為特司它司特榮Testosterone主頻內在理型的逼迫。

事實上，特司它司特榮強迫症Testosterone syndrome是生命存活的必要手段，沒有特司它司特榮Testosterone主頻理型的強迫，所謂的生命會是一片死寂。

(三)、特司它司特榮畜生 Testosterone animal

美麗形式的追求是波動造生狀態下不得不行的自我痲痹，生命體必須有所可為，凝聚態軀殼必須有所可行，透過對於美麗形式的追求和滿足可以達成和布置生命確實是存在的企圖，假原子凝聚態黃金和鑽石的波形就是追求美

麗形式的布置，美麗形式的布置是創造生命，自我痲痺的標的！

　　波動造生作用下的所謂生命世界是一個對應符合式的狀態，所謂的黃金和鑽金是刻意布置的標的，九器全形的凝聚態生命體是追求這些標的的傀儡軀殼。

　　九器全形的生命體之所以會喜愛黃金和鑽石是因為符合對應，九器全形軀殼內的$C_{19}H_{28}O_2$特司它司特榮Testosterone晶體所振盪出的訊號源與黃金鑽石的波形對應相符合，九器全形的生命體是註定會喜愛黃金和鑽石，而所有美麗的形式其實都是與TS內訊號源的對應相符合，九個體器官所喜愛所嗜好的就是因為與TS內訊號源的對應相符合。

　　追求美麗形式的本能是因為TS內訊號源的對應所致，也因為TS內訊號源的逼迫使得九器全形的軀殼全都成為貪慕虛榮的迷體。

　　鄙窮欺弱，怠陋蔑貧是特司它司特榮Testosterone迷體獸徵畜化的表現，所有的特司它司特榮迷體Testosterone drunker無一不是迷識和敬跪在美麗形式的軀殼，特司它司特榮Testosterone主頻理型控制下的凝聚態軀殼無一不是獸徵畜化的迷體。

　　看見穿金戴銀的形體而生羨慕，看見珠光寶氣的外衣

而生敬畏是特司它司特榮迷體Testosterone drunker最典型的畜思畜為，如同雌孔雀甘心雌伏於雄孔雀絢爛的羽翼，如同所有的雌性生殖迷體甘心雌伏於婉轉的歌聲與健壯的體態之下，而九器全形的生殖迷體無論雌或雄全是跪拜雌伏在黃金鑽石外衣外表之下唯唯諾諾，頷首稱是的迷體。

　　TS內信號源的識頻作用是九器全形凝聚態軀殼知覺的啟動源頭，而TS內信號源的識頻作用就成為所有軀殼對於特定波形的嗜求標準，所謂的生命體根本不能違抗TS內信號源的命令，耳要聽天籟，眼要看艷麗，嘴要吃鮮甜，九個體器官都在TS內信號源的對應作用下運作。

　　為了享用最美好的電磁波波形，分裂的凝聚態雙性雌雄分體生殖形式軀殼無不用盡奸詭狡詐，逐行各種手段形式的掠奪，爭最多黃金鑽石的軀殼便鄙視沒有任何黃金鑽石的軀殼，TS內信號源讓所有凝聚態的軀殼成為爭贏比勝，較強鬥美的畜生。

　　孔雀、畫眉、獅子、獵豹的眩目羽翼，天籟歌聲，雄健體態，速捷奔馳全都是TS內信號源所賦予的美麗獸徵，而TS內信號源在九器全形雌雄生殖迷體的軀殼上也同樣振盪出美麗的外表，九器全形的軀殼雖然有嬌媚雄健的體態，也能唱出天籟歌聲，但是仍不罷休，九器全形的軀體還要將黃金鑽石做為妝點自身眩目的羽翼，然後彼此

競美鬥艷，然後彼此鄙視。

　　然後要比，吃得稀奇古怪，吃得哀鴻遍野，然後再比，最大的鑽石，最多的黃金，再比權位，再比權勢，TS內信號源對凝聚態軀殼振盪出美麗的獸徵，但是也振盪出最邪惡最齷齪最骯髒的畜思畜為！

(四)、特司它司特榮迷世 Testosterone consciousness

》生命是一場睪酮醉

　　九器全形的生命體是追求美麗形式的軀殼，九器全形的軀殼是萬能的感應器械，藉由九個體器官的感應以證明生命存在，而九器全形感應機械體的啟動就是由於特司它司特榮Testosterone晶體所振盪出的訊號源的對應功效，TS晶體把波動的真實狀態轉變成多彩多姿的擬生世界。

　　TS晶體在九器全形感應軀殼內所振盪出的信號源是辨識外在波訊息的對應內頻，它讓感應軀殼去執行生命意識在早已預置好的波訊息環境裏去尋求九個感應器的滿足，它所振盪出的內頻是九個感應器的理型，九器全形的感應軀殼必須要按照TS內頻所形成的理型去尋求滿足，九器全形軀殼的所謂一生一世所有的需求都是在滿足TS

內頻的對應，九個感應器絕對要符合TS內頻的對應，否則TS內頻將轉變成所謂的痛苦荷爾蒙讓軀殼難以堪受。

罪惡就是TS內頻逼迫九器軀殼所採取的暴動，TS內頻理型讓雌雄分體生殖形式的九器軀殼去喜愛黃金和鑽石，並逼迫雌雄軀殼去掠取黃金鑽石，做為美麗形式的象徵，於是在如同陰下部位放大作用的催化下，九器軀殼使盡各種手段各種伎倆，不計代價的就是要獲得最多的黃金，最多的鑽石以妝點成如同孔雀眩目的羽翼。

所有九器全形的軀殼都是TS內頻理型下所控制的迷識迷體，耳、眼、膚、鼻、手、嘴、腹、陰、腦九個感應器都是TS內頻執行生命意識的工具，所謂的愛，所謂的罪其實就是TS內頻對應的符合與不符合，這一個由波動作用所製造出的所謂生命世界是一個早已預置好的狀態，九器全形的軀殼只是感應的器械，而TS內頻是指引九器軀殼運作的對應信號源，在TS內頻理型的對應下實現-「生命是存在」的企圖。

TS主頻就是要製造紛爭TS主頻就是要製造事端，九器軀殼所有的紛爭與事端全是生命存在的證明，不論是愛，不論是罪都是生命存在的證明，TS主頻理型的逼迫與指導讓所有分裂的軀殼有所可行，有事可行，而所有的事端與紛爭其實都是一場自己欺騙自己的表演，所謂的生

命其實只是一場表演，一場波動造生作用下假造的聲光大秀。

四、完成欺騙自己的夢
To realize a dream of life

》生命是一場波 一場完全是自己欺騙自己的波動

　　「波」是生命的原貌，這是一場實現生命的波動，這一場波動是自己證明自己，去除轉波定影造假作用後呈現在假原子凝聚體軀殼自體內的偽知覺，再將本相還原成波動的狀態所謂的生命是波的感應，是波的形體感應波的訊息，無處不波，無物不波，無生不波，這是一個波動之下分裂又凝聚造生的波現象。

　　生命只是一場波，這一場波動經過了轉換後變得如真如實，事實上這是一個波所凝聚而成的擬生狀態，這個擬生狀態的目的就是要實現生命，在這一場波動造生狀態下的真實模樣是自己殺害自己，自己吞噬自己，自己姦淫自己，自己謀奪自己的波現象，從還原的波相裏聆聽會發現這是一個自己和自己對話的波動。

　　不能沒有這個世界，或者說不能沒有這一場波動，因為無生最悲，無生最苦，這是一場從連沒有也沒有的空無中實現造生的波動。

(一)、轉波定影自體內覺

Fake-senses in wave-condensationer

　　九器全形凝聚態軀殼的知覺是實現生命最超絕的術法，這個術法就是將波訊息轉換成為具體形象，凝聚態軀殼自體將波訊息轉換成為光影、色彩、溫度、味道、形體、重量、空間的變造機制是最精絕的自我詐欺！

　　假原子凝聚態的軀殼所有的感應知覺全都是經過轉換機制變造後自體內的偽覺偽象，所謂的聲音、光影、色彩、溫度、氣息、形體、味道、重量、空間的感覺是轉波定影造假作用變換後的偽知覺。

　　要實現生命最重要的工作就是要將不同波段波相的波訊息轉換成為凝聚態軀殼內部的所謂知覺，有知覺才能製造與實現生命是存在的企圖。

　　眼睛所看見到的光亮、色彩、形體是自體轉波定影作用變造後呈現在自體內部的現象，所謂的光亮，所謂的色彩，所謂的形體其實是不同波段波相的訊息波，因為經過了自體轉換作用的變造將波相轉換成形體和光影，眼睛器

官所接收到的其實是波，事實上根本沒有光，根本沒有色彩，也根本沒有形體，所謂的光、色彩、形體是凝聚態軀殼內的對應轉換。

而所謂的太陽散發的是波，不是熱，所謂的熱其實是生命體，也就是凝聚態軀殼接收波訊息後自體內所產生的對應和轉換，整個波動造生場域裏根本沒有溫度，只有波，所有假原子凝聚態的軀殼接收到波訊息後自體進行不可逆的波相解釋，所謂的熱，所謂的溫度其實是自體內部的對應解釋和波相轉換，所有的假原子凝聚態波體在接收了太陽某些波段的波訊息後必然產生不可逆的波相解釋而改變自體波相狀態，所謂的熱是凝聚態軀殼內的偽知覺。

事實上根本沒有熱，根本沒有溫度，只有波，關鍵就在於生命體，也就是假原子凝聚態軀殼自體內接收波訊息後的轉換，凝聚態軀殼將太陽的波訊息轉換成自體之內的知覺也就是所謂的熱，其實在波動造生場域裏根本沒有熱這一個現象，所謂的熱是凝聚態軀殼裏的自體內覺，自體內的訊息，自體內的偽知覺，自體的造假！

所謂的光、色彩、溫度其實是波訊息的轉換，也就是說生命體自體進行造假，眼睛器官所看見到的光亮和色彩，膚體器官所感覺到的所謂溫度全部都只是自體內的偽知覺。

Mv=h M=C19H28O2/Wv

Testosterone transforms signal-wave as real in waver.

沒有光，沒有色彩，沒有溫度，只有波，九器全形生命體的感應知覺全是經過自體轉波定影機制變造後產生在自體內部的偽知覺。

所謂的聲音、氣息、味道、形體、重量、空間的知覺全都是波訊息轉換後呈現在自體的內覺，而自體內部的所有知覺其實全都是變造後的偽象，自體內覺就是自體詐欺，要實現所謂的生命就必須先要實行自體詐欺，轉換波訊息定成形影是製造生命存在的企圖。

實現所謂生命企圖最重要的術法就是自體詐欺，而自體詐欺是實現所謂生命不得不然的唯一手段。

(二)、波動造生波體分裂
wave condensation and fission

眼睛所看見到的各種形象都是波，不同波段波相的波訊息經過了轉波定影作用的變造後就成為了有色又有形的狀態，九個體器官的知覺都是波訊息轉變後的偽知覺，眼睛所看到的是波動分裂狀態下的現象，呈現在眼睛裏的形象其實是波動狀態下的另一個自己。

　　生命現象的本體是波，這一個波動的本體分裂成萬生萬物，波的凝聚wave-condensation與分裂wave-fission造成所謂的生命世界。

　　實現生命是一連串自我欺騙的詐術，從自體內覺的轉波定影為手段的偽知覺製造出一個感覺感受上生命是存在的企圖。

　　眼睛所看見到的所有形體其實全是一場波動分裂作用下的假象，看似萬生萬物，看似多姿多彩，其實眼睛看似彷彿無盡無數的所有形影全都是波動狀態的轉換，眼睛看到的其實全部都是波，只是波的狀態經過了自體內的對應轉換後變成了具體的形影，而九個體器官全形的凝聚態軀殼所有的知覺全是對應和接收波訊息，並且將波訊息轉換成具體具象的感覺。

　　去除了轉波定影變造作用的轉換，再將狀態還原成波動的本相，所謂的生命世界根本是一場騙局，一場自我詐欺的騙局，眼睛看的是波，耳朵聽的是波，膚體覺的是波，鼻子嗅的是波，雙手觸的是波，嘴舌吃的是波，光影是波，聲音是波，溫度是波，氣息是波，味道是波，形體是波，重量是波，空間是波，整個所謂的生命世界根本不是實體，而是波全都是不同波長頻率的訊息波，整個所謂的生命世界是一場沒有質量的假世界。

　　從還原的波動本相裏省思所謂的生命現象，則根本是一場自己殺害自己，自己吞噬自己，自己謀奪自己，自己姦淫自己，自悅自殘，自樂自瀆的造生現象。

　　眼睛看得的是波，眼睛所看見到形影其實是波動狀態裏另一個波動分裂後的自己，雙手碰得的是波，雙手所碰觸到的形體是另一個波動分裂後的自己，嘴舌吃得的是波，嘴舌所吃嚼到的是另一個波動分裂後的自己！

　　波動造生狀態下凝聚態軀殼的所有知覺感應全是波訊息的轉換，波訊息經過了眼睛就變造成了具有色彩和實體形象的樣貌，波訊息經過了雙手就變造成了具有溫度和實體形狀的感覺，波訊息經過了嘴舌就變造成了具有鮮甜和實體口味的知覺。

　　凝聚態軀殼永遠都難以知曉這是一場自體內覺的造假也永難以知曉眼睛所看見的是波動，雙手所碰觸的是波動，嘴舌所吃食的是波動，每一個波動造生場域裏分裂狀態下的凝聚態軀殼也永難以知曉所殺害者是另一個自己，所吞噬者是另一個自己，所鄙視，所仇恨，所姦淫者是另一個自己。

(三)、美麗波形自我麻痺 Intoxication in beautiful-wave

》對於美麗波動形式的追求與滿足是自我麻痺

　自我麻痺的目的就是要實現與製造生命存在這一個企圖

　　耀眼澄亮的黃金，晶瑩剔透的鑽石是美麗的波動形式黃金與鑽石的美麗波形是自我麻痺的代表標的！

　　去除凝聚態軀殼內轉波定影機制的造假，將所謂的生命世界還原成波動的本相，所有所謂美麗的形式都是波動造生場域裏不同波長頻率的凝聚態，而其實這些不同波段波相的凝聚態根本沒有色彩，根本沒有形體，只是波。

　　特司它司特榮C19H28O2晶體，即所謂的睪固酮，以假原子形式分子質量288.4amu的振盪頻率將波訊息轉換成為具體具象又具有色彩的狀態，特司它司特榮C19H28O2晶體分子量288.4amu的振盪內頻將c6假原子凝聚態的訊息波解釋成為所謂晶瑩剔透的鑽石，將au79假原子凝聚態的訊息波解釋成為所謂耀眼澄亮的黃金。

　　黃金和鑽石是波，不是實體，更沒有色彩，是特司它司特榮C19H28O2晶體將c6和au79轉波定影成為眼睛看得到與雙手觸碰得的所謂色彩和形體，黃金和鑽石真真實實的本相是波，波動造生場中凝聚態的波。

C19H28O2 – 288.4amu　FREQUENCY MATCH $\begin{bmatrix} c6 & -12.0107amu \\ au79 & -196.96655amu \end{bmatrix}$

　　特司它司特榮C19H28O2晶體的振盪內頻完全符合對應c6和au79的波訊息，是特司它司特榮C19H28O2晶體的振盪內頻喜愛黃金和鑽石。

　　特司它司特榮C19H28O2晶體分子量288.4amu的振盪頻率不僅將不同波段波相的訊息波解釋轉換成為看得到摸得到的自體內覺，還強迫所謂的生命體，也就是九器全形的凝聚態軀殼對c6鑽石和au79黃金產生所謂的喜愛。

　　C6鑽石分子量12.0107amu與au79黃金分子量196.96655 amu的凝聚態頻率訊息波signal-wave完全符合特司它司特榮C19H28O2晶體分子量288.4amu振盪頻率的對應，九器全形的生命體是註定且天性要喜愛鑽石與黃金，不得不喜愛也不能不喜愛！

　　除了黃金鑽石，九個體器官所慾追求滿足的樂音、色彩、溫暖、芳香、鮮甜、裸體都是不同波段波相的訊息波，而這些訊息波同樣受到特司它司特榮C19H28O2晶體分子量288.4amu振盪頻率的審視，特司它司特榮內頻會逼迫生命體尋求滿足。

　　生命體不得不尋聽天籟樂音，不得不尋看嬌媚艷麗，不得不尋覺和煦溫暖，不得不尋嗅馨香芬芳，不得不尋食鮮嫩甘甜，不得不尋殖婀娜裸體，特司它司特榮內頻會逼迫生命體去尋求九個體器官的滿足。

　　罪惡是生命體的全部，生命體的全部都是罪惡，所有波動造生場域裏分裂的波形體waver全部都是罪惡的凝聚態形體，無一不罪。

　　為了爭奪黃金，為了爭奪鑽石，凝聚態的生命體相互殺戮，相互仇視，這是註定而且必然要發生的現象，九器全形的生命體想聽得天籟樂音就是罪惡，想看得嬌媚艷麗就是罪惡，想覺得和煦溫暖就是罪惡，想嗅得馨香芬芳就是罪惡，想食得鮮嫩甘甜就是罪惡，就連喝水，就連呼吸也都是罪惡因為這些慾求全部都是特司它司特榮內頻的逼迫與指使。

　　最美麗的形式是最沉重的罪惡，為了追尋美麗形式的滿足必然發生殺戮與仇恨，罪惡是生命的全部。

　　這個所謂的生命世界是一個美麗甘醇的酒槽，所謂的生命酣醉在美麗形式的波形中，自欺自溺。

　　全部都是波，黃金是波，鑽石是波，樂音是波，色彩是波，溫度是波，氣息是波，口味是波，裸體是波！

　　耳朵所聽是波，眼睛所看是波，膚體所覺是波，鼻

子所嗅是波，雙手所觸是波，嘴舌所食是波，腹肚所飽是波，陰下所殖是波，腦部所識是波，所謂的生命其實是用美麗的波形誆騙自己，而所謂的罪惡竟然是無可避除的存在證明，生命的真相是用美麗的波形麻醉自己，用追逐美麗過程所發生的罪惡來證明生命的存在。

生命是什麼？生命是尋求美麗波形的滿足！

(四)、波主乞生自證回覺
Waving for life to cheat and prove

》生命的真相是一場波動　這一場波動主要就是乞求生機

從波的本相觀省所謂的生命，根本是一場自己和自己對話的狀態，這一場波動造生的狀態裏是自己吞噬自己，自己殺害自己，自己姦淫自己！

九個體器官所接收所感應的是不同波段波相的訊息波 signal-wave，不是實體，全是波，而九個體器官的知覺是轉換波訊息後呈現在自體之內的假象。

耳朵所聽，眼睛所看，膚體所覺，鼻子所嗅，雙手所觸，嘴舌所食，腹肚所飽，陰下所殖，腦部所識者，全都是波，凝聚態軀殼內的特司它司特榮TESTOSTERONE

C19H28O2晶體分子量288.4amu振盪內頻將不同波段波相的訊息波轉換成為自體之內的偽知覺。

聲音是波，光影是波，色彩是波，溫度是波，氣息是波，形體是波，味道是波，重量是波，空間是波，裸體是波，自己也是波，這是一場在轉波定影作用下以自體偽知覺Translate wave into fake-real 所製造出的假生命，假世界。

轉波定影作用下的眼睛所觀看到的影像全是波訊息的轉換，其實眼睛所接收的是波，不是實體，而眼前所見者其實全是一個波動之下的另一個波形體，看似無止無數的波形體其實全都是波動作用下的另一個自己。

去除轉波定影作用所變造的偽知覺，從波的本相省思，這是一個自己和自己交談對話，自言自語的狀態，從波的本相上省思，這是一個自虐自瀆，自淫自樂，自己欺騙自己的假世界！

波主乞生，生命世界的真相是一場波動，這一場波動，沒有聲音，沒有光亮，沒有色彩，沒有溫度，沒有氣味，沒有形體，沒有空間，沒有質量，連沒有也沒有！

水H2O假原子質量18.01528 amu frequency是波，氧O2假原子質量15.999amu frequency是波，光390nm奈米至780nm奈米，頻率384Thz兆赫至769Thz兆赫的波。

聲音、色彩、溫度、氣味、形體、質量、空間全都是波，太陽是波，月亮是波，地球是波，整個彷彿浩瀚無垠的宇宙是波，生命是什麼？生命是一場極度振盪的波，感覺的如真如實，卻是波，聽得的是波，看得的是波，覺得的是波，嗅得的是波，觸得的是波，食得的是波，所有的感覺全部都是波，生命是什麼？生命是一場自己欺騙自己的波，用波證明生命存在，用波證明生命真的存在，生命是什麼？生命真的是自己欺騙自己！

自證生命存在的過程是一連串的自我詐欺，從轉波定影機制的自體偽知覺，從波動作用的波形分裂製造萬生萬物的假象，所有自證生命存在的過程是一連串精密細緻的詐術。

其實這一個所謂的生命世界根本連沒有也沒有，沒有聲音，沒有光亮，沒有色彩，沒有溫度，沒有氣息，沒有形體，沒有質量，沒有空間，它只是一個波形的轉換，這一個以波轉波的詐術將無形無影無聲無色的波動本相轉換成為一個感覺上多姿多彩萬生萬物的所謂生命世界，而其實這是一個波動作用下所擬真擬實的仿生狀態。

回覺所謂的生命竟是一場連夢都不如的空無，回覺所謂的生命竟是一場失依與自欺。

回覺所謂的生命，整個過程就是不停地進行-「感覺

存在」的工作，所謂的生命其實就是對於九個波段波相美麗電磁波波形的追求與滿足，而整個追求滿足的過程就是用轉換波訊息後的偽知偽覺的迷騙製造生命是存在的企圖，用轉換波訊息後的偽知偽覺迷騙住一個求生的意識，用分裂的波形製造出萬生萬物的假象以製造生命是存在的企圖，這一個由波動作用所製造出的生命狀態的造生機制是一連串的詐術，所謂的生命是一場渴望存在的企圖，以波動完成實現從空無之中從連沒有也沒有之中對於生命的期盼。

TESTOSTERONE
C19H28O2　waver match

sound	ear-pleasing
color	eye-pretty
temperature	skin-warm
scent	nose-aroma
shape	hand-obedient
flavour	mouth-sweet
nutrition	stomach-full
reproduce	genitals-downcast
feel	brain-superior

伍

特司它司特榮現象

伍 特司它司特榮現象

TESTOSTERONE makes waving as real .

$$6.626×10^{-34}J-s=288.4amu/WAVEν \quad (h=ts / Wν)$$

將波動作用所製造出的生命狀態比喻成一場夢，那麼讓這一場夢能夠如真如實的主要關鍵就是凝聚態軀殼內的特司它司特榮TESTOSTERONE C19H28O2晶體，分子量288.4 amu振盪頻率在波動狀態裏的對應與轉波定影，特司它司特榮TESTOSTERONE解釋波訊息的作用讓無形無影無光無味的波動原貌轉變成為一個具體具象有聲有色的擬真世界。

Testosterone translates signal-wave into fake-real.

一、特司它司特榮結構 Fram-work

特司它司特榮TESTOSTERONE的真實結構是假原子

形式凝聚態的晶體，在背景場是波動狀態下假原子形式凝
聚態的波晶體，它存在於凝聚態的所謂生命體之內，它是
啟動九個體器官知覺的源頭。

　　特司它司特榮TESTOSTERONE的組成結構經過了
所謂生命體感覺器官的轉波定影變換後的觀察即測定
出假原子形式的所謂19個碳原子28個氫原子2個氧原子
C19H28O2的組合形式，而其實C19H28O2的真實本相
是凝聚態的晶體，由三個不同波長頻率的凝聚態波形組
合成所謂的睪固酮，又稱為雄性激素，假化學名稱為
17ß-Hydroxyandrost-4-en-3-one。

　　波動造生作用下所謂的生命體其實是電磁波凝聚態的軀
殼，而每一個凝聚態的生命體都是接收電磁波訊息的感應體，
生命體上的九個體器官事實上就是九個波段波相電磁波訊息的
感應器，九個體器官所接收的是不同波相的電磁波C19H28O2
晶體的假原子組合將波訊息轉換成仿真仿實的自體內覺。

　　假原子凝聚態19個碳原子28個氫原子2個氧原子
C19H28O2的組合是構成所謂生命體最重要的凝聚晶體，
所謂的生命體都是受這一組晶體所控制構成的軀殼，所謂
的生命體都是特司它司特榮凝聚態軀殼。

　　C19H28O2的振盪頻率是凝聚態假原子生命體產生
知覺的對應信號源，C19H28O2信號源對應波動造生場

域裏不同波段波相的電磁波，所謂的生命體其實全都是C19H28O2晶體形式的軀殼，生命體是凝聚波相最繁複最密實的感應體，波動造生作用下的所謂生命只有一個形式，即特司它司特榮凝聚態軀殼TESTOSTERONE WAVER。

特司它司特榮TESTOSTERONE C19H28O2晶體，假分子量為288.4amu這一組凝聚態的波形式所振盪出的波長頻率是凝聚態軀殼，也就是所謂的生命體內接收與對應外在波訊息的振盪晶體，假原子形式分子量為288.4amu所振盪出的波長頻率在生命體內所形成的內部頻率是轉換與遮蔽波動本相的內頻，而凝聚態軀殼的九個感覺器官所產生的認知也就是288.4amu振盪內頻的效果。

事實上特司它司特榮TESTOSTERONE C19H28O2晶體在生命體上所形成的內在頻率除了控制所謂的思想認知之外還完全決定生命體的形態體貌，這整個波動作用下的所謂生命世界所有美麗的模樣全是特司它司特榮TESTOSTERONE C19H28O2晶體的振盪內頻所掌控。

它配賦蝴蝶和孔雀眩目耀眼的羽翼，它賦予金絲雀和綠繡眼嘹亮婉轉的歌喉，它讓獵豹能夠奔馳速捷，它讓大象身形龐然，它也給予玫瑰和茉莉最明艷最濃郁的色彩和馨香，所有美麗的狀態全都是特司它司特榮

TESTOSTERONE C19H28O2內頻所產生的效用，它是所有美麗波形的源頭，它是展現所有榮耀的內頻 It does all glory。

二、特司它司特榮作用 Operation

》執行並實現生命意識就是特司它司特榮 TESTOSTERONE C19H28O2內頻最主要的作用

　　所謂的生命體其實是接收九個波段波相電磁波訊息的感應體，而C19H28O2結構晶體就是九器全形感應體上的對應信號源和波訊息轉換器與功率放大器，C19H28O2晶體的振盪頻率把九個波相的波訊息轉換成感應體內的所謂知覺。

　　波動作用是實現生命唯一的術法，要將無形無影無聲無色的波動原貌轉變成具體的狀態就必須要將不同波相的波訊息進行變造，整個波動作用下所實現的所謂生命世界其實就是一場將波訊息轉換後呈現在自體之內的假現象。

　　這是一個以波轉波，也就是特司它司特榮TESTOSTERONE C19H28O2內頻將波訊息轉換成為自體

內覺所謂有聲有色有形有影有光有味的仿真和擬生的造假現象。

　　這一個所謂的生命世界是一個將波動原相進行再加工轉換後造假的狀態，而特司它司特榮TESTOSTERONE C19H28O2內頻就是以波轉波，化波為聲，化波為色，化波為溫，化波為味，化波為體，擬生仿真的主要關鍵。

(一)、轉波定影 TESTOSTERONE SWITCH

　　$h = TS / W\nu$

　　九器全形的凝聚態軀殼nine sensors waver是波動作用下主要實現的感應形體，是證明生命存在的假器械。

　　九個體器官是九個不同波段波相的感應器，所謂的生命體其實就是接收與感應波訊息的機器，九器全形的生命體是證明生命存在的凝聚態軀殼，所有的感應知覺都是接收波訊息後進行變造轉換呈現在自體之內的偽覺偽象，而轉換波訊息成為具體具象又有形有色的關鍵就是凝聚態軀殼內的特司它司特榮TESTOSTERONE C19H28O2晶體，假分子量為288.4amu振盪內頻所產生的功效，它將波訊息轉換成自體內覺所謂的聲音、光影、色彩、溫度、氣息、味道、形體、空間、重量。

　　轉波定影其實就是特司它司特榮解釋Testosterone

translation，生命體所有的感覺全是將不同波段波相的波訊息接收轉換後呈現在自體內的偽知覺，不同波相的訊息波signal-wave經過了特司它司特榮Testosterone的轉換後將波動的本相解釋成為一個呈現在自體內仿真仿實的擬生狀態。

如2個氫與1個氧分子式的H2O水，假原子質量18.01528 amu frequency的凝聚波，經過了特司它司特榮Testosterone的解釋就變成了即柔且流的所謂液體，即所謂的水，特司它司特榮Testosterone也將O2氧，假原子質量15.999amu frequency的波訊息解釋成為氣體，特司它司特榮Testosterone也將6個質子原子序數的碳C6分子量12.0107amu frequency的凝聚態波訊息解釋成為所謂晶瑩剔透的鑽石，而79個質子原子序數的假原子凝聚波au79分子量196.96655amu frequency的凝聚態訊息波解釋成澄黃光澤的所謂黃金。

所謂的固體、液體、氣體、電漿態的真實本相全是波，不同波相的電磁波，四個狀態感覺的呈現其實全是特司它司特榮Testosterone轉波定影作用的解釋，生命體所感覺到的現象與狀態其實全部都是經過轉波定影機制變造後自體內的偽知覺，眼睛看到的現象，身體感覺到的狀態全是經過特司它司特榮Testosterone變造後呈現在自體之

內的偽知覺，特司它司特榮Testosterone把不同波段波相的電磁波訊息轉換成自體內覺，所謂的四個狀態其實都是波，不同波長頻率波相的訊息波。

四個基本力也是轉波定影作用變造後所呈現的假象，眼睛所看見到的影像全是特司它司特榮Testosterone轉波定影作用後造假的現象，所謂的四個基本力The Four Fundamental Forces，即所謂的重力gravity，電磁力electromagnetic force，弱核力weak nuclear force，強核力strong nuclear force 其實是一場極度波動壓力下的現象，這一場波壓無形無質無體無量，但是經過了特司它司特榮Testosterone轉波定影作用影響之下眼睛的觀看就成為所謂不知因由的基本力，而所有所謂的物理全是經過轉波定影機制變造後呈現在生命體自體內的解釋，呈現在眼睛裏的影像是造假的自體內覺！

耳朵、眼睛、膚體、鼻子、雙手、嘴舌、腹肚、陰下、腦部所感覺到光色溫形味與及空間重量的認知全是經過轉波定影作用變造後呈現在自體內的偽知覺，呈現在生命體內所謂的感覺認知全都是造假的偽象。

特司它司特榮TESTOSTERONE C19H28O2晶體，假分子量為288.4amu的振盪內頻在九器全形凝聚態軀殼上的重大作用就是將波動造生狀態下所有的波訊息轉換成為

具體具象的自體內覺，所謂的聲音、光影、色彩、溫度、氣息、味道、形體、空間、重量的感覺都是造假的自體內覺。

假分子量為288.4amu的振盪內頻將波長範圍為1.7cm至17m之間，頻率範圍約在20HZ赫茲到20,000HZ赫茲的波動轉換成為自體內覺所謂的聲音。

假分子量為288.4amu的振盪內頻將波長範圍為390nm奈米至780nm奈米，頻率為384Thz兆赫至769Thz兆赫的波動轉換成為自體內覺所謂的光和色彩。

假分子量為288.4amu的振盪內頻將波長範圍為1毫米millimeter的紅外線區至紫外線區10nm奈米，頻率約10^{12}THZ到10^{18}EHZ範圍的訊息波轉換成自體內覺所謂的熱即所謂的可感覺溫度。

假分子量為288.4amu的振盪內頻將波長範圍為假原子凝聚波態的波長直徑約10^{-10}公尺1Å尺度，頻率為中子Neutrons × 質子proton ×電子Electron範圍的綜合凝結波condensation wave，由電子所圍繞的原子核在線度10^{-15}mHz形成綜合型態的波動轉換成為自體內覺所謂的氣息、口味、形體。

假分子量為288.4amu的振盪內頻還將波動狀態轉換成為自體內覺所謂的空間，並與波動作用相對應將凝聚態波

形訊息解釋成為所謂的重量。

　　聲音、光影、色彩、溫度、氣息、口味、形體、空間、重量的感覺是存在於凝聚態軀殼自體之內的偽知覺，九個體器官所接收的是不同波段波相的訊息波，是假分子量為288.4amu的振盪內頻將訊息波進行轉換，於是真實本相是無光無色，無溫無味，無形無影的波動就變造成為具體具象又有形有色的自體內覺。

　　自體內覺是偽知覺，所謂的聲音，所謂的光影，所謂的色彩，所謂的溫度，所謂的氣味，所謂的形體，所謂的空間與重量的感覺其實都是波訊息轉換後自體的假象，是凝聚態軀殼自體內假分子量為288.4amu的振盪內頻將不同波相的訊息波轉換成為所謂看得到又觸摸得到的自體內覺，其實外在仍然是波動的狀態，但是經過了轉波定影機制的變造，所謂的生命體完全框限在特司它司特榮 TESTOSTERONE C19H28O2內頻轉波定影的作用之下無從自醒。

　　根本沒有所謂的光，也沒有色彩，沒有溫度，沒有形體，但是眼睛和其它八個體器官無論如何在288.4amu振盪內頻的轉波定影作用下都要觀看與感覺到光影、色彩、形體、聲音、氣味、溫度、空間和重量，這是強迫性的作用，這更是實現生命意識的唯一保證，轉波定影的作用是

實現生命唯一的保證，可是轉波定影的作用卻也是實現生命的詐術。

　　九個體器官所感受到的知覺全部都不是真實的狀態，眼、耳、膚、鼻、手、嘴、腹、陰、腦的知覺全都是經過轉波定影作用變造後呈現在自體內部的偽知覺，由波動作用所實現的所謂生命世界真正的本相全部都是波，不是實體，事實上根本沒有光亮，沒有色彩，沒有溫度，沒有形體，只有波，只有不同波長頻率的訊息波，存在的是一場波，凝聚態軀殼的知覺是造假的自體內覺。

　　自體內覺中所謂的疼痛或愉悅舒適的感覺是轉波定影機制下最絕妙的詐術，疼痛或舒暢的自體內覺是造成「生命存在」的重大機制，而這種所謂神經傳導的現象其實是轉波定影作用在凝聚態軀殼內形成的內訊息，疼痛或舒適的內部波訊息讓凝聚態軀殼感覺這是一個真實存在的世界。

　　轉波定影機制下呈現在生命體內的自體內覺是實現生命不得不然的術法，整個所謂的生命世界其實是一場波動的狀態，這一場無形無影，無溫無味，無光無色的波動，經過了特司它司特榮TESTOSTERONE C19H28O2晶體，假分子量為288.4amu振盪內頻的轉換後變得如真如實！

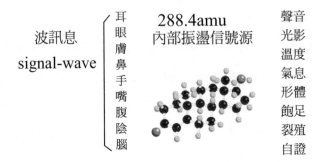

波訊息
signal-wave

耳
眼
膚
鼻
手
嘴
腹
陰
腦

288.4amu
內部振盪信號源

聲音
光影
溫度
氣息
形體
飽足
裂殖
自證

　　九器全形的凝聚態生命體是波的軀殼，九個體器官齊
備的凝聚態軀殼是電磁波波譜上主要實現的感應形體。

　　九個體器官其實就是九個波段波相的接收感應器，
耳朵如同是收音機，眼睛如同是電視機，膚體是溫度感測
器，鼻子是氣息分析儀，雙手是形體感應器，嘴舌是味素
檢測器，而九個體器官共同和主要的內部振盪信號源就是
特司它司特榮TESTOSTERONE C19H28O2晶體，假分子
量為288.4amu所產生的內頻做為轉換波訊息的對應信號
源。

　　在288.4amu駐守主頻信號源的轉換下，不同波段波相
的波訊息全都成了仿真仿實的自體內覺，波訊息成了耳朵
聽到的聲音，眼睛看到的光影，膚體感覺到的溫度，鼻子
嗅到的氣息，雙手觸碰的形體，嘴舌嚐到的口味，但是這
所有的感覺全都只是呈現在自體內部的偽知覺，在凝聚態

軀殼外的真實狀態一直是無光無影無色無味的-波。

轉波定影的目的就是要製造生命是存在的企圖，九個體器官的認知和感覺全是特司它司特榮TESTOSTERONE C19H28O2晶體，假分子量為288.4amu振盪內頻所變造後的假象，所謂的生命世界真實的本相是一場極端渴求生機的波動，而所謂的物質其實是不同波長頻率的凝聚態波相，所謂生命體的感覺感受其實是自體詐欺，這是求取生機不得不然的無奈，288.4amu振盪內頻是以波轉波，化波為形，化波為覺的關鍵。

就是特司它司特榮TESTOSTERONE C19H28O2晶體，假分子量為288.4amu的振盪內頻使得凝聚態軀殼產生認知和感覺，在288.4amu振盪內頻的轉波定影作用下凝聚態軀殼成為萬能的感應器，凝聚態軀殼也依靠著288.4amu振盪內頻的變換造假展開一場實現所謂生命的夢。

(二)、理型認知 TESTOSTERONE IDEAS

288.4amu訊號源形成生命體上的內在理想形象生命體九個體器官一定要按照這個理型尋求滿足

生命體的所謂知覺其實就是辨識電磁波波形，特司它司它特榮所形成的內頻對應所需要的特定波形，如黃金，如鑽石，如婀娜多姿的裸體就是對應作用下所需要的特定

波形，九個體器官的慾望就是來自於特司它司特榮內頻所形成的理型，而特司它司特榮理型的形成讓生命體迷識在美麗形式的追逐中不能自醒。

288.4amu訊號源是凝聚態生命體九個感應器對應和接收波訊息的標準，288.4amu訊號源讓耳朵欲聽天籟，眼睛欲看艷麗，膚體欲覺溫暖，鼻子欲嗅芳香，雙手欲觸服順，嘴舌欲嚐鮮甜，腹肚欲進飽足，陰下欲殖悵悅，腦部欲識優越。

288.4amu訊號源在凝聚態生命體上形成牢不可破，絕不可妥協的理想內型，288.4amu訊號源所形成的內在理型是凝聚態軀殼真正的大腦，它就是智慧與所有欲望的源頭，在288.4amu訊號源理型的逼迫下所有的感應都要符合它所要的標準，否則它會讓凝聚態軀殼痛苦難堪，凝聚態軀殼在288.4amu訊號源內在理型的控制下變成既是天使又是魔鬼的病態畜獸。

(1) 特司它司特榮知覺
TESTOSTERONE MATCH-EFFECT

生命體的知覺其實是病，是特司它司特榮內頻理型對應作用下所形成的特定波形嗜好症symptom of wave-addiction，九個體器官的所謂知覺就是為了要尋求九個特

定範圍波形的滿足。

　　特司它司特榮TESTOSTERONE C19H28O2晶體，假分子量為288.4amu的振盪內頻就是使凝聚態軀殼產生知覺的源頭，所謂的知覺其實就是對應波形，也就是波訊息的比對和辨識，而辨識波訊息的目的就是要使凝聚態的生命體能夠按照理型的對應作用徹底地沉溺酣醉在美麗形式的追求。

　　288.4amu振盪內頻讓凝聚態的生命體永遠追求美麗波形的滿足，它讓九器全形生命體的耳朵追求聆聽天籟樂音，眼睛追求觀賞嬌媚艷麗，膚體追求感覺舒適溫暖，鼻子追求嗅聞馨香芬芳，雙手追求撫觸合度柔順，嘴舌追求嚐食鮮嫩甘甜，所謂的樂音、艷麗、溫暖、馨香、柔順、甘甜就是與288.4amu內頻理型完全符合對應的美麗波形式。

　　在波動作用下所實現的所謂生命狀態裏288.4amu的振盪內頻是使生命體產生知覺的對應內頻，就是288.4amu的振盪內頻使凝聚態軀殼看得到，摸得到，嗅得到，聽得到，九個體器官的所謂知覺其實就是辨識不同波段波相的波訊息。

　　288.4amu振盪內頻也是生命體內部既存既有的駐守形象，九個體器官所產生的所謂慾望就是288.4amu振盪內

頻的驅使，288.4amu振盪內頻逼迫生命體的耳朵一定要聽
得天籟樂音，眼睛一定要看得嬌媚艷麗，膚體一定要覺得
和煦溫暖，鼻子一定要嗅得馨香芬芳，雙手一定要撫觸柔
順舒適，嘴舌一定要食得鮮嫩甘甜，腹肚一定要飽得豐富
營養，陰下一定要殖得愁歡悵悅，腦部一定要識得自證優
越。

$$
\begin{matrix}
& \left\{\begin{matrix} 耳朵 \\ 眼睛 \\ 皮膚 \\ 鼻子 \\ 雙手 \\ 嘴舌 \\ 腹肚 \\ 陰下 \\ 頭腦 \end{matrix}\right. & \begin{matrix} \\ \\ 符合對應 \\ match \\ \\ \end{matrix} & \left\{\begin{matrix} 天籟樂音 \\ 嬌媚艷麗 \\ 和煦溫暖 \\ 馨香芬芳 \\ 柔順舒適 \\ 鮮嫩甘甜 \\ 飽足營養 \\ 愁歡悵悅 \\ 自證優越 \end{matrix}\right.
\end{matrix}
$$

288.4amu 內頻理型

　　288.4amu frequency振盪內頻就是生命體上九個體器
官駐守固執的理想內型，它對應波動狀態裏所有早已預置
好的所謂美麗美好的事物，而所謂美麗美好的事物其實就
是證明生命存在的特定電磁波波形。

　　存 在 的 是 一 場 波 動 ，不 是 實 體 ，所 謂 的 實 體 是
288.4amu振盪內頻將訊息波轉換後呈現在自體之內的偽知
覺，在波動造生作用下所實現的生命狀態是一場註定對應
的狀態，所有美麗的形式都註定與288.4amu振盪內頻符合
對應。

$$288.4 \times 10^{-15} \text{ amu HZ} \left[\begin{array}{l} \text{c6} - 12.0107 \times 10^{-15} \quad\quad \text{amu HZ} \\ \text{au79 - } 196.96655 \times 10^{-15} \text{ amu HZ} \end{array} \right.$$

　　黃金和鑽石的凝聚態波形就註定與288.4amu振盪內頻符合對應，C6鑽石分子量12.0107amu frequency與au79黃金分子量196.96655amu frequency的凝聚態波長頻率就是註定與288.4amu振盪內頻符合對應。

　　凝聚態的生命體註定喜愛所謂的黃金與鑽石，因為完全符合288.4amu振盪內頻駐守理型的對應，其實特司它司特榮理型就是指引生命體存活的標準，九個體器官的感應都要符合288.4amu振盪內頻駐守理型的對應，否則它會以所謂的壓力荷爾蒙腎上腺素讓生命體產生所謂的痛苦，直到生命體尋求滿足為止，這就是使生命體產生所謂罪惡的原因！

　　特司它司特榮理型TESTOSTERONE IDEAS，288.4amu振盪內頻的標準就是要逼迫生命體的九個波形感應器，要聽得天籟樂音，要看得嬌媚艷麗，要覺得溫暖舒適，要嗅得馨香芬芳，要觸得柔順合宜，要食得鮮嫩甘甜，要飽得豐富營養，要殖得愁歡悵悅，要識得自證優越，若是獲得滿足，288.4amu振盪內頻就會以所謂的快樂荷爾蒙腦內啡讓生命體感覺到所謂的愉悅幸福。

　　為了要獲得快樂幸福的感覺，生命體無不使盡全力，用盡各種手段去追求黃金與鑽石，去追求九個體器官的滿足，其實生命體九個體器官的滿足就是完成特司它司特榮理型的命令，真正得到滿足的就是發號施令的特司它司特榮理型，凝聚態的生命體存在的每一分，每一秒都是在為特司它司特榮理型所服務。

　　愛是特司它司特榮理型對應符合後所產生的表演，生命體所謂的善與愛的表現其實是288.4amu振盪內頻的對應作用所致之，所有的喜愛與善都是因為符合特司它司特榮理型的對應，就如同愛黃金，愛鑽石。

　　在對應作用下黃金與鑽石的波形完全符合288.4amu振盪內頻所形成的理型，於是生命體註定喜愛黃金與鑽石，而擁有了黃金與鑽石，特司它司特榮理型便以所謂的腦內啡Endorphin讓生命體產生所謂的快樂，但是得不到想要的黃金鑽石，特司它司特榮理型便會以痛苦難堪的所謂腎上腺素Epinephrine逼迫生命體用盡各種手段直到獲取。

　　所謂的愛其實是符合特司它司特榮理型的對應後所採取的表演，所謂的罪惡與愛其實是特司它司特榮288.4amu振盪內頻理型所採取的表演，符合特司它司特榮理型的對應，生命體的表現就會是所謂天使的模樣，不能獲得符合特司它司特榮理型的對應，生命體的表現就會是邪惡血腥

污穢的魔鬼，天使與魔鬼的表演全是特司它司特榮理型的導演。

罪惡是對應作用下為求取九器滿足絕對必然產生的現象，凝聚態生命體的所有行為完完全全受到特司它司特榮理型的嚴格審度和控制，耳朵想要聽得樂音是罪惡，眼睛想要看得艷麗是罪惡，膚體想要覺得溫暖是罪惡，鼻子想要嗅得芳香是罪惡，雙手想要觸得順適是罪惡，嘴舌想要食得鮮甜是罪惡，腹肚想要進得飽足是罪惡，陰下想要遺得悵悅是罪惡，腦部想要識得優越是罪惡，就連呼吸與喝水都是罪惡，因為全都用到了特司它司特榮TESTOSTERONE，在波動造生狀態下沒有一個生命體不是288.4amu振盪內頻理型所嚴格控制的傀儡！

特司它司特榮理型讓凝聚態的生命體呼吸，讓凝聚態的生命體喝水，所謂的水H2O，是假原子質量18.01528amu frequency的波，所謂的氧O2，是假原子質量15.999amu frequency的波，呼吸與喝水也都是特司它司特榮理型對凝聚態生命體所下的命令！

288.4amu振盪內頻，特司它司特榮理型TESTOSTERONE IDEAS，無時無刻不控制著凝聚態的生命體，它才是真正的大腦，它才是生命體上真正的靈魂，它的對應功能讓生命體徹底迷醉在美麗波形的爭逐中迷生

迷世，它的對應功能讓凝聚態的生命體彷彿獲得了真正存在的生命。

(2) 特司它司特榮病症 Testosterone syndrome

》特司它司特榮嗜頻症 WAVE-ADDICTION

凝聚態軀殼九個體器官是九個不同波段波相的感應器，九個感應器所接收的都是不同波長頻率的電磁波，聽波，看波，覺波，嗅波，觸波，吃波，食波，殖波，識波，特司它司特榮內頻將電磁波轉換成仿真仿實的自體內覺。

凝聚態生命體的九個感應器，慾聽，慾看，慾暖，慾嗅，慾觸，慾食，慾飽，慾殖，慾識，其實就是生命最原點最初始的強迫症The original obsessive-compulsive disorder，在波動造生作用下的每一個軀殼沒有一個不是罹患特司它司特榮強迫症的絕症病體，這個病症就是一定要對應特定範圍的美麗波形，而追求美麗波形式的滿足就是所謂生命的自我證明，

288.4amu振盪內頻所形成的內在理型不但使凝聚態生命體想聽想看想嗅想食，288.4amu內頻理型還逼迫生命體

一定要聽得悅耳天籟，絕對要看得嬌媚艷麗，必須要覺得舒適溫暖，不能不吃得鮮嫩甘甜，不得不嗅得馨香芬芳。

黃金、鑽石、天籟樂音、嬌媚艷麗、和煦溫暖、馨香芬芳、鮮嫩甘甜的波形就是288.4amu振盪內頻理型在對應作用下完全符合的美麗形式。

九個感應器所接收到的波形都必須要符合288.4amu振盪內頻理型的對應，所謂的天籟樂音，嬌媚艷麗，和煦溫暖，馨香芬芳，鮮嫩甘甜，其實全是一定範圍的特定波形，這些特定範圍的波形式就是所謂的美麗，所謂的漂亮，美麗漂亮的波形就是證明生命存在的依據和標的

288.4amu振盪內頻理型的對應作用讓凝聚態的生命體活在特定範圍美麗波形式的追逐中不能自醒，288.4amu振盪內頻理型的對應作用逼迫凝聚態的生命體不停地追求特定範圍的美麗波形式以證明生命是存在的企圖。

288.4amu振盪內頻所形成的理型其實就是躲藏在凝聚態軀殼內既守又註定的完美形象，也就是說生命體內早已埋伏了黃金鑽石的需求形象，生命體是註定喜愛黃金，註定喜愛鑽石，也註定喜愛婀娜多姿的裸體！

美麗波形式的追求是生命求取自證存在的標的

(三)、分形分識 TESTOSTERONE FISSION

》萬生萬物是波動狀態裏的波形波影

在波動造生作用下所實現的所謂生命，真實的本相其實是一場自己和自己對話，自己殺害自己，自己姦淫自己，自悅自瀆，自虐自戀的狀態，從眼睛觀看到的所有形體其實是一個波動作用下的分形分影，也就是說，所對話，所殺害，所姦淫的是另一個自己！

特司它司特榮TESTOSTERONE C19H28O2晶體，假分子量為288.4amu的效用就是完成分形分影製造所謂生命形體，並且給予個別意識，它是實現並執行所謂生命意識的關鍵。

(1) 特司它司特榮軀殼 Testosterone fission-waver

所謂的生命體其實是電磁波的凝聚態，所謂的生命形體是波動作用下凝聚態的軀殼，而所有凝聚態軀殼全都是充滿假原子凝聚形式的特司它司特榮TESTOSTERONE C19H28O2晶體形態的傀儡。

碳C19氫H28氧O2假原子結構的特司它司特榮TESTOSTERONE是凝聚態軀殼接收和感應波訊息

的晶體，凝聚態生命體其實就是特司它司特榮軀體TESTOSTERONE WAVER。

所謂的生命體真實的名稱是「特司它司特榮凝聚體TESTOSTERONE WAVER」，透過碳C19氫H28氧O2假原子結構的特司它司特榮TESTOSTERONE將不同波段波相訊息波轉換成為有光有色有溫有味有形的自體內覺，可以製造出生命是存在的感覺。

不同波長頻率的波相其實就是不同生命形體的原貌，但是不同波相的生命形體全都是特司它司特榮凝聚體TESTOSTERONE WAVER，在波動造生場域裏的生命體只是凝聚態的軀殼，或者說是電磁波的軀殼，可是都由一個相同的靈魂在控制，每一個看似不同樣貌的軀殼其實都是同一個靈魂操縱下的傀偶。

特司它司特榮凝聚體TESTOSTERONE WAVER是波動造生作用下分裂的形體，但是只要有288.4amu振盪內頻的操作就可以實現製造所謂生命的企圖，而每一個分裂的形體只要在288.4amu振盪內頻的操控下便會產生所謂個別獨立的生命意識。

在個別獨立的生命意識下便能完成和實現一場自己和自己對話，自己殺害自己，自己吞噬自己，自己姦淫自己，自虐又自瀆，自淫又自樂的所謂生命世界。

(2) 特司它司特榮分識 Testosterone fission-consciousness

》288.4amu 內頻所形成的理型是主要產生個別獨立意識的
　振盪頻率

　　波動造生狀態下的凝聚態軀殼在288.4amu內頻的對應
作用下便能產生所謂個別又獨立的生命意識，所有波動作
用分裂下的凝聚態軀殼便能按照理型去尋求九個感應器官
對於特定美麗電磁波波形的滿足。

　　所謂的生命意識其實就是辨識電磁波波形，在波動造
生場域裏尋求九個感應器官的滿足就是執行生命意識，生
命要證明存在就必需要滿足九個感應器官的慾求。

　　288.4amu內頻使所謂的生命體產生個別又獨立的求生
意識，在個別求生意識驅使下的所謂生命體於是能夠彼此
對話，相互姦淫，砍殺，吞食，謀害，但將狀態還原成波
動的本相，會發現這根本是一場自淫自樂，自虐自瀆的現
象，其實那所姦淫的是波體，所砍殺的是波體，所吞食的
是波體，所謀害的是波體，所有的波體是一個波動作用下
分裂的自己。

　　波動狀態下的特司它司特榮TESTOSTERONE
C19H28O2晶體，假分子量為288.4amu振盪內頻就是使凝

聚態軀殼分形又分識的關鍵，波動狀態下所有分形的軀殼，因為288.4amu振盪內頻的轉波定影作用使得眼睛看到了似乎是無止無數的形體，而其實這是實現所謂生命不得不行的詐術，在288.4amu振盪內頻分別意識的作用下，所謂的生命必須要無奈的姦淫自己，無奈的殺害自己，無奈的吞食自己，這是為了實現所謂生命不得不然的無奈。

(四)、獸徵畜化 TESTOSTERONE ANIMAL

》凝聚態軀殼無一不是特司它司特榮畜生

特司它司特榮TESTOSTERONE C19H28O2晶體，假分子量為288.4amu的振盪內頻讓九器全形的凝聚態生命體成為迷醉在追逐美麗形式的獸畜。

C19H28O2晶體288.4amu的振盪內頻是凝聚態軀殼上萬能的主頻率，它賦予凝聚態軀殼一身美麗嬌艷的羽翼皮毛骨架形體，它讓凝聚態軀殼唱出婉轉悅耳的歌聲，它讓凝聚態軀殼散發誘惑芳香的氣味，它讓凝聚態軀殼奔馳速捷力大無窮，它讓九器全形的凝聚態軀殼產生知覺意識，它也完全決定凝聚態軀殼所有的思想與行為，它徹底讓凝聚態的生命體迷醉在美麗波形式的追逐中不能自醒。

特司它司特榮會繪畫，會音樂，會文章，會歌唱，會雕塑，會舞蹈，會電影，會服裝，會美食！

特司它司特榮會猜疑，會嫉妒，會鄙視，會搶奪，會詐欺，會盜竊，會姦淫，會殺害，會戰爭！

(1) 特司它司特榮獸徵 Testosterone glory-body

》凝聚態軀殼一身所謂美麗漂亮的形體就是特司它司特榮 TESTOSTERONE的傑作

蝴蝶和孔雀眩目耀眼的羽翼，金絲雀和綠繡眼嘹亮婉轉的歌喉，獵豹和大象能夠奔馳速捷身形龐然，玫瑰和茉莉最明艷最濃郁的色彩和馨香，所有凝聚態生命體最美麗的外表全是特司它司特榮所給予的獸徵。

$C19H28O2$晶體除了轉波定影的變造功能外還是凝聚態軀殼的功率放大器waver amplifier，它強化所謂生命體的樣貌體態與及九個體器官的運作，288.4amu的振盪內頻將凝聚軀殼的波相表現塑造成所謂最美麗的狀態。

生命世界裏所有呈現出的多姿多采和華麗漂亮的榮景就是-「特司它司特榮現象」！

金絲雀和綠繡眼能夠鳴唱出婉轉悅耳的歌聲，就是因

為C19H28O2晶體288.4amu振盪內頻的功率輸出所造成的效果，蝴蝶和孔雀一身眩目耀眼的羽翼，獵豹能夠快速的奔馳，大象龐然巨大的體態，老虎斑斕的皮紋，玫瑰和茉莉最明艷最濃郁的色彩和馨香，全是因為C19H28O2晶體288.4amu振盪內頻的放大功率對凝聚態軀殼所作出的鉅大效應，它把凝聚態的軀殼打造成為一幅所謂美麗的外表。

而九個體器官的功能也完全受到C19H28O2晶體288.4amu振盪內頻的控制，凝聚態軀殼只想要聽天籟樂音，看嬌媚艷麗，覺舒適溫暖，嗅馨香芬芳，嚐鮮嫩甘甜，所有的慾望全都來自於C19H28O2晶體288.4amu振盪內頻的逼迫，它讓凝聚態軀殼全都成為追求美麗形式的獸畜。

288.4amu的振盪內頻將凝聚態軀殼的波相強化成為美麗的形式，也同時逼迫凝聚態軀殼一定要追求最美麗的波形波相，所謂的美麗漂亮其實就是特司它司特榮作用下所刻意給予的獸徵。

漂亮是獸　美麗是獸

(2) 特司它司特榮畜化 Testosterone thought-act

》生命原來是一場睪酮醉 The Sick of Testosterone drunk

追求美麗形式的思為就是畜化，所有分形分識作用下的凝聚態軀殼全都是敬跪拜倒臣服在美麗形式下的畜生！

生命體所謂的思想其實就是特司它司特榮思想，生命體所有的行為其實就是特司它司特榮行為，C19H28O2晶體288.4 amu振盪內頻逼迫所謂的生命體一定要聽得悅耳，一定要看得艷麗，一定要覺得溫暖，一定要嗅得芳香，一定要觸得順適，一定要嚐得鮮甜，一定要食得飽足，一定殖得悵悅，一定要識得優越。

特司它司特榮的對應作用強烈地逼迫生命體喜歡黃金，喜歡鑽石，喜歡婀娜多姿的裸體，還逼迫生命體要成為霸占享用所有最美麗形式的所謂帝王。

鄙窮欺弱，蔑貧辱苦是特司它司特榮理型對應作用下典型的畜思畜為，對於美麗的外表卻呈現出敬跪伏拜的臣服模樣，如同甘心雌伏受殖的現象，所有雙性分體生殖形式的凝聚態軀殼全是跪拜在美麗形式下標準典型的畜生！

想聽悅耳樂音是畜思為，想看嬌媚艷麗是畜思為，想覺和煦溫暖是畜思為，想嗅馨香芬芳是畜思為，想觸柔舒適順是畜思為，想嚐鮮嫩甘甜是畜思為，想食營養飽足是畜思為，想殖愁歡悵悅是畜思為，想識自享優越是畜思為，想黃金，想鑽石是畜思為，想婀娜裸體是畜思為，就

連所謂的愛亦是畜思為，在特司它司特榮的對應作用下所有符合理型的美麗形式全是畜思畜為！

　　在特司它司特榮對應作用的逼迫下凝聚態軀殼無一不是美麗形式的追求體，為了要獲得享用美麗形式，凝聚態軀殼無不用盡氣力與各式手段。

　　罪惡是追求美麗形式唯一的手段，所有追求美麗形式的手段都是罪惡，特司它司特榮逼迫生命體尋求九個感應器的滿足，特司它司特榮逼迫生命體一定要尋求符合理型對應的滿足，生命無一不罪，生命無一不惡。

　　其實凝聚態軀殼用盡各式手段所獲得的滿足全部都是為了取悅一個靈魂，就是「特司它司特榮理型」，凝聚態生命體一生一世的工作就是滿足與取悅「特司它司特榮理型」。

　　生命無一不畜　生命無一不罪

三、特司它司特榮理型
TESTOSTERONE FORMS

288.4×10^{-15}amu HZ 理型

Testosterone distinguishs wants from signal-waves.

特司它司特榮TESTOSTERONE C19H28O2晶體，假

分子量為288.4amu的振盪內頻就是凝聚態生命體上既守既存的固執理型。

生命體的知覺是特司它司特榮內頻所形成的識頻作用Frequency distinguish operation，而識頻作用就是對於特定電磁波波形的辨識，耳朵想聽樂音，眼睛想看艷麗，嘴舌想吃鮮甜，膚體想覺溫暖，鼻子想嗅芳香的慾望就是識頻作用。

所謂的生命體其實是電磁波的凝聚態，或者說是最密集最密實的電磁波體WAVER，九個體器官其實是接收九個不同波段波相電磁波訊息的感應器，在意義上凝聚態的生命體是感應電磁波訊息的軀殼。

九器全形的凝聚態軀殼是證明生命存在的機器，藉由九個波段波相訊息的感應以證明生命存在，而九器全形機器軀殼的運作全由一個振盪晶體，即特司它司特榮TESTOSTERONE C19H28O2結構所產生的內信號源進行轉換與對應。

特司它司特榮理型
TESTOSTERONE FORMS

288.4×10^{-15} amu HZ

轉換　**SWITCH**
對應　**MATCH**

天籟樂音	ear-pleasing
嬌媚艷麗	eye-pretty
和煦溫暖	skin-warm
馨香芬芳	nose-aroma
柔順舒適	hand-obedient
鮮嫩甘甜	mouth-sweet
飽足營養	stomach-full
愁歡悵悅	genitals-downcast
自證優越	brain-superior

288.4×10⁻¹⁵ amu HZ 內信號源將九個不同波段波相的電磁波訊息轉換成自體之內仿真仿實的偽知覺，並且還形成凝聚態軀殼上絕對不能妥協的內在理想形象。

288.4×10⁻¹⁵ amu HZ 內信號源就是所謂知覺與智慧的源頭，在波動背景場中，它讓生命體辨識電磁波波形，並且命令與逼迫生命體去尋求特定電磁波波形的滿足，九器全形的生命體所有的需求都必須要符合288.4×10⁻¹⁵ amu HZ 內信號源理型的對應，生命體所謂天使與魔鬼的表現其實就是符合與不符合理型對應所產生出的效果。

(一)、特司它司特榮情感
TESTOSTERONE FEELINGS

288.4×10⁻¹⁵ amu HZ 內信號源理型對應所謂的天籟樂音，嬌媚艷麗，和煦溫暖，馨香芬芳，服順舒適，鮮嫩甘甜，營養飽足，遺殖悵悅，識證優美，九個體器官所喜愛的都是因為符合內頻理型的對應。

所謂生命世界的真實本相是一場無形無味無溫無色的波動，所謂的聲音、艷麗、溫暖、芳香、服順、鮮甜、飽足、悵悅、優美的感覺都只是轉波定影作用變造後的偽知覺，而凝聚態軀殼就是依靠偽知覺來證明生命存在。

所謂的情感其實就是符合288.4×10⁻¹⁵ amu HZ 內信號

源理型的對應，凝聚態的生命體先天就喜愛所謂的黃金和鑽石，也先天就喜愛所謂婀娜多姿的裸體，因為黃金鑽石和婀娜裸體的電磁波波形就是符合288.4×10^{-15} amu HZ內頻理型的對應，生命體所有的愛都是因為符合理型的對應，凝聚態的生命體不得不愛黃金，不得不愛鑽石，也不得不愛婀娜多姿的裸體。

耳朵愛聽天籟樂音，眼睛愛看艷麗嬌媚，膚體愛覺和照溫暖，鼻子愛嗅馨香芬芳，嘴舌愛吃鮮嫩甘甜，腹肚愛進營養飽足，全是因為288.4×10^{-15} amu HZ內頻理型的命令與逼迫，所有的愛，所謂的愛，全是因為符合內在理型，凝聚態的生命體內部早已安置了一個產生所謂，愛的基因，愛的靈魂，即「特司它司特榮理型」。

罪惡也是特司它司特榮理型的驅使，聽不到天籟樂音，看不到嬌媚艷麗，覺不到舒適溫暖，嗅不到馨香芬芳，吃不到鮮嫩甘甜，得不到黃金，得不到鑽石，得不到婀娜裸體，凝聚態的生命體便會產生所謂的痛苦壓力，於是無論如何都要用盡各式手段以獲得滿足。

所謂的愛與所謂的罪全是因為特司它司特榮理型，即288.4×10^{-15} amu HZ內頻的對應作用所致，愛與罪同基同源，特司它司特榮理型讓九器全形的生命體按照它所設下的框限去尋求特定電磁波波形的滿足，耳所聽，眼所看，膚所

覺，鼻所嗅，手所觸，嘴所嚐，腹所飽，陰所殖，腦所識者全在特司它司特榮理型框限下所驅動。

情感的產生其實是符合特司它司特榮理型的對應，愛樂音，愛嬌艷，愛溫暖，愛馨香，愛鮮甜，愛飽足，愛黃金，愛鑽石，愛婀娜裸體，所有所謂的愛其實是特司它司特榮理型對應作用下一定框架範圍電磁波波形的符合，得不到一定範圍電磁波波形的滿足，特司它司特榮理型便會在軀殼內釋放所謂的壓力荷爾蒙訊號以刺激生命體痛苦難堪，一直到生命體尋求滿足為止。

尋求到一定框架範圍電磁波波形的滿足後，特司它司特榮理型便以所謂的快樂荷爾蒙腦內啡訊號的犒賞，讓生命體產生舒服愉悅的感覺！

而一定框架範圍的電磁波波形就是證明生命存在的標的，耳朵必然喜愛聽的天籟樂音，眼睛必然喜愛看的嬌媚艷麗，膚體必然喜愛覺的和煦溫暖，鼻子必然喜愛嗅的馨香芬芳，嘴舌必然喜愛嚐的鮮嫩甘甜，所有生命體喜愛的都是符合特司它司特榮理型對應的特定美麗波形。

特司它司特榮理型的功能就是讓生命體產生知覺，讓生命體在波動背景場域裏能夠辨識波形去尋求特定範圍電磁波波形的滿足，也就是說特司它司特榮理型讓生命體迷醉酖溺在特定範圍的波形之中尋求感應以證明生命存在。

(二)、特司它司特榮病體
TESTOSTERONE SICKNESS

》 美麗波形式的追逐是為了逃逸空無

　　288.4×10⁻¹⁵ amu HZ內頻理型讓九器全形的凝聚態生命體成為嗜好特定波形的病體，九個體器官所享用的其實是不同波相的電磁波，追逐所謂美麗形式其實是逃避無生狀態的自我麻痺！

　　耳朵嗜聽天籟樂音，眼睛嗜看艷麗嬌媚，膚體嗜覺和煦溫暖，鼻子嗜嗅芬芳馨香，嘴舌嗜嚐鮮嫩甘甜，特司它司特榮理型讓九個感應器完全酣溺在特定框限範圍的電磁波波形，九器全形的凝聚態生命體無一不病，為了要滿足九個感應器的需求凝聚態生命體無一不罪！

　　波動造生作用下實現的所謂生命其實是一場病，一場無可醫治的絕症，這個病症叫做-「特司它司特榮強迫症 Testosterone syndrome」。

　　凝聚態生命體的九個感應器，慾聽，慾看，慾暖，慾嗅，慾觸，慾食，慾飽，慾殖，慾識，其實就是生命最原點最初始的強迫症The original obsessive-compulsive disorder。

288.4×10⁻¹⁵ amu HZ內頻理型讓耳朵一定要聽得婉轉悅耳的聲音，眼睛一定要看得艷麗多姿的形影，膚體一定要覺得和暖怡然的溫度，鼻子一定要嗅得芳香薰陶的氣息，嘴舌一定要吃得甘甜鮮嫩的口味，特司它司特榮理型還命令九器全形的生命體一定要喜愛黃金，一定要喜愛鑽石，也一定要喜愛婀娜多姿的裸體。

其實特司它司特榮288.4×10⁻¹⁵ amu HZ內頻理型就是躲藏在凝聚態生命體內的黃金鑽石，特司它司特榮理型就是躲藏在凝聚態軀殼裏的裸體，九個感應器所產生出的慾望全是因為特司它司特榮內頻理型的唆使。

波動造生作用下所實現的生命是一場既畜且病的狀態，所有分形分識的凝聚態軀殼都是追求美麗波形的病體畜生，而所謂追求美麗標的其實是逃避無生狀態不得不然的自我麻痺，這個由波動作用所實現的生命狀態其實背景是一場從無生狀態裏所掙脫出的現象，所謂的生命只是一個現象，波動凝結而形成的現象，整個過程只是藉由追逐美麗波形來擺脫無生的真相。

凝聚態軀殼的知覺來自於特司它司特榮內頻所形成的理型，特司它司特榮理型的功能就是要讓九器全形的軀殼去追求九個特定波相波形，也就是追求美麗形式的滿足。

凝聚態軀殼在追求美麗波形滿足的過程裏絕對要產生所謂的罪惡，九個感應器的每一項需求都是罪惡，想要

聽悅耳的音聲就是罪惡，因為特司它司特榮內頻所形成的理型驅使耳朵想聽美妙樂音，而想要看艷麗多姿的形體，想要覺得溫暖舒適，想要嗅得芳香氣息，想要吃得鮮嫩甘甜，想要黃金，想要鑽石，想要婀娜裸體全是罪惡，因為這些需求全是特司它司特榮理型的驅使與逼迫，就連呼吸，就連喝水也都是罪惡，因為呼吸喝水也是特司它司特榮理型的命令。

　　特司它司特榮內頻理型讓凝聚態生命體活在追求美麗波形的標的裏不能自醒，在追逐美麗波形的需求過程裏自我證明-生命真的存在。

四、特司它司特榮畜生
TESTOSTERONE ANIMAL

》美麗與醜惡都是為了實現與證明生命的存在

　　九器全形的凝聚態軀殼是迷醉與追求美麗波形的特司它司特榮畜生，無一不是。

　　這個由波動作用所實現的生命狀態其實既是天堂又是地獄，天堂與地獄就在這一個波動作用下所實現的狀態

裏，讓凝聚態生命體藉由九個感應器的滿足以證明生命存在的波生波世就是所謂的天堂，但是為了追求九個感應器的滿足而引起的所謂罪惡就是波生波世裏所謂的地獄

九器全形的凝聚態生命體在特司它司特榮理型的控制下無一不是天使，也無一不是魔鬼，為了滿足特司它司特榮理型的對應，凝聚態生命體忽然變成有善有愛的天使，又在倏忽間變成了血腥凶殘的魔鬼，特司它司特榮理型讓生命現象又是天堂，又是地獄！

所謂天堂與地獄的狀態其實就是一場為了符合特司它司特榮理型對應所呈現出的劇情，所謂生命的過程就是一場為了滿足特司它司特榮理型對應所做出的表演，所謂的天堂地獄，所謂的天使魔鬼全是特司它司特榮理型導演下一場企圖製造生機的荒唐鬧劇。

(一)、特司它司特榮生殖迷體
TESTOSTERONE SEX-DRUNKER

這個由波動作用所實現的所謂生命世界其實是一場轉換造假的現象，可是在感應上卻是如真如實，這個所謂的生命世界有笑容，有淚水，有愛，有恨，有善，也有罪，而所謂的愛與罪其實就是特司它司特榮理型的對應作用所致之。

　　罪惡是凝聚態生命體的全部，罪惡與愛同出於特司它司特榮理型，愛其實是一種對應作用，愛其實是一種對應符合後所採取的表演，所謂的生命其實是一場為逃避無生狀態自我欺矇的表演，而這一場生命大戲的導演就是特司它司特榮振盪內頻所形成的理型，沒有了C19H28O2晶體結構的特司它司特榮對應作用的存在，所謂的罪惡就都將絕對消失，可是所謂的愛，也會一併除去。

　　288.4×10^{-15} amu HZ特司它司特榮理型對應所有美麗美好的事物，它對應黃金，它對應鑽石，它逼迫生命體愛黃金和鑽石，它逼迫生命體喜愛所有美麗美好的事物，因為沉迷在美麗事物的追求可以忘卻無生的真相。

　　罪惡來自於雙性雌雄分體生殖形式，所有的罪惡全是因為要滿足特司它司特榮理型，而雌雄分體生殖形式是製造生命存在最好的狀態，透過雌雄分體生殖形式可以讓生命體沉迷在美麗事物的爭鬥中迷生迷世。

　　分形分識下的雌雄生殖體都是陰下部放大作用的生殖迷體，陰下部放大作用就是特司它司特榮理型刺激生殖體產生爭勝較強的生殖迷識，為了要證明自體最美最強生殖體之間展開爭鬥，金絲雀綠繡眼用歌喉唱出美妙的音聲，孔雀鴛鴦用眩目燦爛的羽翼，象牛羊鹿用龐大身形岔麗崎角，虎豹熊獅用斑斕皮紋尖牙利爪，展現最強最美的體態

以爭奪生殖優勢。

　　沒有斑斕皮毛，沒有眩目羽翼的軀殼便以爭奪最多黃金最多鑽石做為最強最美的象徵，以獲得雌性的甘心雌伏受殖，在特司它司特榮理型的逼迫下雌雄分體的軀殼無不用盡全力去爭勝比鬥，去較強較美！

　　雌雄分體形式的軀殼是實現所謂生命最完美的設計，雌雄分體形式可以讓九器全形的凝聚態軀殼完全沉溺在美麗形式的爭逐中迷生迷世，既可以保持美麗的波形又可以使凝聚態生命體迷識在仿真仿實的現象裏無可以覺，無可以醒。

　　在爭逐中所產生的罪惡是實現生命不得不然的無奈，因為罪惡而發生的仇恨，因為罪惡而流下的淚水，因為罪惡而形成的苦難，全都變成了證明生命是存在的內容，情仇愛恨笑容淚水都是證明生命存在的印記。

　　在波動作用下要實現所謂的生命，要證明生命存在，就必須依靠特司它司特榮理型，沒有了特司它司特榮理型，所謂的生命世界就不會有罪惡，不會有苦難，不會有淚水，可是也同樣的也不會有笑容，甚至不再有凝聚態的生命體。

　　特司它司特榮理型是實現生命的保證，特司它司特榮理型也是證明生命存在的保證！

　　凝聚態軀殼的一舉一動一思一行完全在特司它司特榮理型的審視之下進行，罪惡其實就是九個感應器追求特定美麗電磁波波形的滿足。

　　「特司它司特榮理型」尤其明顯地作用在雙性雌雄分體生殖形式的軀殼上，雌雄分體的形式讓特司它司特榮理型對應的功能發揮到最極致的境界，也就是追逐美麗的波形，特司它司特榮理型對應的功能徹底地讓凝聚態軀殼迷生迷世。

　　雙性雌雄分體生殖形式下的雄性生殖體是架起美麗形體形式的展示體，雌性則為裂殖體，在$C_{19}H_{28}O_2$晶體放大功率作用之下雄性生殖迷體受賦予一身美妙的歌喉，斑斕的皮毛，強健的骨架，成為美麗形式的展示體。

　　除了美麗的外表，雄性生殖迷體還受賦有全能的認知能力，也就是對於聲音、色彩、光線、空間、形狀、體積、溫度、氣味等所有的感知能力的強化，$C_{19}H_{28}O_2$晶體讓所謂的雄性擁有最強最高的知覺認知能力，而所謂的知覺其實就是對於電磁波波長頻率訊號訊息的辨識，雄性生殖迷體一身美妙婉轉的歌喉，美麗斑斕的皮紋，健壯的肌骨，與及所謂的智慧全是因為特司它司特榮$C_{19}H_{28}O_2$晶體對雄性凝聚態軀殼放大功率的作用所致。

　　特司它司特榮$C_{19}H_{28}O_2$賦予雄性軀殼美麗形體的目

的就是要讓分形分識後的軀殼彼此產生爭勝比鬥，透過較強鬥美的過程讓生命體徹底地迷識在仿真仿實製造生機的波動場裏！

(二)、特司它司特榮迷體罪惡 TESTOSTERONE SIN

》最美麗形式外表的內裏是最不堪的醜陋

　　特司它司特榮軀殼是追求美麗波形的感應體，美麗的形式是求取生機自我麻痺的標的，透過美麗形式的追求與滿足以製造生命是存在的企圖，分形分識的軀殼必然為了追求美麗形式的滿足而產生所謂罪惡，其實軀殼之間的鄙視，殺害，吞噬，姦淫，仇恨，全是自己欺騙自己；實現生命的無奈就是自己殺害自己，自己姦淫自己，每一個軀殼所犯下的所謂罪惡最後都是生命存在的證明。

　　所謂的罪惡是生命的全部，但什麼是罪惡，在特司它司特榮理型控制下追求九個體器官的滿足就是罪惡，耳朵想聽，眼睛想看，膚體想暖，鼻子想嗅，雙手想觸，嘴舌想食，腹肚想飽，陰下想殖，腦部想識，生命體一身的慾求全部都是罪惡，所謂的積極，所謂的努力，所謂的奮鬥，所有追逐美麗形式的滿足無一不是罪惡。

　　罪惡是生命自證存在不得不然的無奈，爭得最多黃金鑽石者必然趾高氣昂，必然驕傲Pride，爭奪不到黃金鑽石者則必然憤怒Wrath，亦必然妒忌Envy，而為獲得腦內啡快樂感覺與及為求得黃金鑽石者則必然淫穢，必然不貞潔Lust，所謂的貪婪Greed是雙性雌雄分體生殖形式爭多比勝較強鬥美必然的作為，所謂懶惰Sloth者則是不符合識頻作用，即不符合特司它司特榮內頻理型對應需要所採取的懈怠，為了聽得樂音，為了看得艷麗，為了覺得溫暖，為了嗅得芳香，為了吃得鮮甜，為了殖得悵悅，為了黃金，為了鑽石，為了婀娜的裸體，凝聚態的生命體必定努力，必定勤勞！

　　分形分識下的每一個凝聚態軀殼都有兩張臉，一張是擺放在外所謂假道德之名的面具，一張是真實慾望需求的畜生面容，不管是假道德或者是真慾望，這兩張臉同樣都是特司它司特榮理型對應作用下所採取的表演。

　　罪惡真實的內涵就是對於美麗形式的追求，而追求美麗形式的滿足是證明生命存在的方法，所謂的生命體一生一世都要沉溺在美麗形式的追求上，在無以自醒的迷識下完成進行對於生命存在的證明。

　　所謂的知覺，所謂的情感都來自於特司它司特榮理型的對應作用，凝聚態軀殼在特司它司特榮理型的對應作

用下選擇出表演模式，凝聚聚的軀殼表現在外的所謂道德是美麗形式的表演，這樣假道德之名的表演如同孔雀眩目漂亮的羽翼，如同虎豹斑斕的皮紋，同樣出於理型對應作用是擺放在外的表演，所謂的高雅，所謂的斯文都是美麗形式的表演，而假道德之名的表演同樣也是減低傷害的克制，生命體在特司它司特理型的控制下完美地選擇出生命表演的模式。

　　所謂的道德是一張美麗形式的皮毛，九器全形的凝聚態生命體在真真實實的內裏就是要完成九個感應器需求的滿足，特司它司特榮理型無時無刻不逼迫著生命體要尋求最美麗形式需求的滿足，道德的表演是眩目的皮毛，在生命體真實慾望下所謂的道德成為獲取利益的工具！

　　特司它司特榮理型所形成的知覺讓生命體形於外的表現要高雅，要斯文，要展現經過修飾有節有度的美麗形式，可是生命體卻在特司它司特榮理型所形成的慾望下也要完成九個感應官能的滿足，於是揭開了美麗的皮毛，揭開的所謂的道德外皮，呈現的真實現象全部都是最難堪，最令不忍卒睹的所謂骯髒齷齪。

　　波動作用下所實現的生命狀態全是特司它司特榮軀殼 TESTOSTERONE WAVER，而每一個分形分識後的特司它司特榮軀殼都是理形對應作用下既追求美麗形式又骯髒

齷齪的迷體，沒有一個軀殼不受理型所逼迫去追求美麗形式，也沒有一個軀殼不受理型所驅使去暗地裏犯下罪惡！

罪惡不只是驕傲Pride、憤怒Wrath、妒忌Envy、不貞潔Lust、貪食Gluttony、懶惰Sloth、貪婪Greed，生命的全部都是罪惡。

猜疑、嘲訕、躁煩、偏私、比較、好奇、厭惡、苟且、虛偽、詛咒、剛愎、怨懟、嫌棄、輕蔑、算計、輕浮、意淫、在軀殼與軀殼之間產生的仇，產生的恨，軀殼間的鬥毆、傷害、搶劫、偷竊、姦淫、詆譭、詐騙、侵占、造謠、誣陷、謀奪、背叛、殺害、戰爭，特司它司特榮軀殼的一思一行，一舉一動都是罪惡。

為了爭多比勝，為了爭權比勢，為了成為獸王畜帝，特司它司特榮軀殼無不鑽營，特司它司特榮軀殼無不罪犯，為了黃金，為了鑽石，為了婀娜裸體，所有的特司它司特榮軀殼終其一生所謂的努力，一生爭奪的所謂榮華富貴其實就是美麗形式的追求，將黃金當做羽翼，將鑽石當做皮毛，然後將這些美麗的波形當做生命存在的證明。

生命是一場註定的虛榮

所謂的罪惡就是追求美麗形式的滿足，耳朵嗜聽樂音，眼睛嗜看艷麗，膚體嗜覺溫暖，鼻子嗜嗅馨香，嘴舌嗜食鮮甜，九個感應器所嗜好的美麗形式全都是罪惡，全

都是特司它司特榮理型的驅使，特司它司特榮理型只要美麗漂亮的外表，特司它司特榮理型讓凝聚態的生命體不經意地產生出輕窮蔑貧，欺弱鄙醜的心態與舉動。

　　所謂生命世界裏所有的罪惡全是肇因於特司它司特榮理型的對應作用，特司它司特榮理型逼迫生命體一定要尋求美麗形式的滿足，特司它司特榮理型完全控制生命體，耳朵、眼睛、膚體、鼻子、雙手、嘴舌、腹肚、陰下、腦部、九個體器官都只要美麗的形式、凝聚態的軀殼在理型對應的作用下完全沉溺酣耽於美麗形式的追求、無以自醒。

　　生命體無一不獸、生命體無一不畜、生命體無一不罪、生命世界的所謂痛苦、所有的鄙視、猜疑、自大、誇言、炫耀、憂傷、懼怕、偏私、剛愎、驕傲、嫉妒、怯懦、厭惡、怨懟、嘲訕、煩躁、固執、好奇、憤怒、虛偽、苟且、比較、詛咒、嫌棄、謊言，所謂的罪惡，所有的詭計、鬥毆、傷害、搶劫、偷竊、姦淫、詆譭、詐騙、侵占、造謠、誣陷、背叛、謀奪、殺害、戰爭，全是為了滿足特司它司特榮TESTOSTERONE理型！

　　罪惡是為了滿足符合特司它司特榮理型的對應需求而不得不產生的病症，在病症行為中產生的所謂淚水、笑容、痛苦、喜悅、仇恨、情愛，與及為了滿足特司它司特

榮理型而引起的所有紛爭最後全都是生命存在的證明。

五、特司它司特榮夢境
TESTOSTERONE PHENOMENON

》特司它司特榮主頻實現波動作用所要的生命

　　波動作用下實現的所謂生命世界其真實樣貌是不同波相的波，所有存在的狀態全都是波，又或者說是不同波相的電磁波，存在的是波，不是實體，也根本沒有物質，而所謂的生命體就是這一場波動作用下凝聚態的軀殼。

　　凝聚態的軀殼是波訊息的感應體，九個體器官是九個波段波相的接收器，而九個接收器所接收到訊息波signal-wave都由一個晶體所振盪的內頻進行轉換，凝聚態軀殼所有的感應與知覺全是波訊息的轉換，這種轉換作用讓凝聚態的軀殼能聽，能看，能覺，能嗅，能觸，能嚐，這一個轉換作用就是「轉波定影」，將波訊息轉換成凝聚態軀殼感覺到的所謂聲音、溫度、氣息、形體、味道、空間、重量、與及看得到的所謂色彩光亮和影像就是「轉波定影」。

　　「轉波定影」是實現生命最重要的術法，轉波定影的機制製造出一個感覺上是仿真仿實的擬生狀態，凝聚態軀殼所有的感覺全都是轉波定影作用下呈現在自體的內覺，耳朵所聽到的聲音，眼睛所看到的光影，膚體所感到的溫度，鼻子所嗅到的氣息，雙手所觸到的形體，嘴舌所嚐到的味道，全都是波訊息轉換後自體的內覺。

　　根本沒有物質，根本沒有實體，所謂的聲音、色彩、光影、溫度、氣息、形體、味道、空間、重量的感覺全是波訊息轉換後呈現在凝聚態軀殼內的自體內覺，轉波定影的功能讓凝聚態軀殼感覺到這是一個真實存在的世界，凝聚態軀殼轉波定影後的自體內覺將波動狀態，無聲、無色、無光、無影、無溫、無氣、無形、無體、無味、無重的真實本相變造成為一個如真如實的偽覺偽象。

　　讓這一場本相是既空且無的波動狀態轉換成為仿真仿實的自體內覺的機制就是凝聚態軀殼上的特司它司特榮振盪晶體Testosterone crystal oscillator，特司它司特榮晶體在凝聚態軀殼上所振盪出的內頻信號288.4×10^{-15} amuHZ，將九個感應器所接收到的波訊息轉換成為仿真仿實的自體內覺，它特司它司特榮實現並製造了渴求生機的企圖。

　　波動狀態下無聲無色無光無影的真實本相經過了特司它司特榮內頻的轉換就變成了有聲有色有光有影的自體內覺，

288.4×10⁻¹⁵ amu HZ振盪內頻把不同波段波相的電磁波訊息轉變成凝聚態軀殼上的所謂感應知覺，它把波訊息變造成為自體內覺所謂的聲音、光影、色彩、溫度、氣息、形體、口味、空間、重量，288.4×10⁻¹⁵ amu HZ振盪內頻把波訊息轉變成為如真如實的自體內覺。

眼睛所看到的影像、色彩、光亮全都是特司它司特榮振盪內頻轉波定影作用變造後的偽知覺，凝聚態軀殼上的九個感應器所接收到的波訊息完全經由特司它司特榮振盪內頻288.4×10⁻¹⁵ amu HZ信號源進行轉換的工作，從最低波長頻率到最密集凝聚態波長頻率的波訊息全在轉換作用下變造成為，耳朵聽到的聲音，膚體覺到的溫度，鼻子嗅到氣息，雙手觸到的形體，嘴舌嚐到的味道，在特司它司特榮振盪內頻轉波定影的作用下凝聚態軀殼成為萬能的感應機器。

特司它司特榮振盪內頻轉波定影的作用就是要實現所謂的生命，九個感應器的所謂知覺全部都是轉波定影作用變造後呈現在凝聚態軀殼上的偽知覺，光亮是偽知覺，色彩是偽知覺，溫度是偽知覺，聲音、氣息、形體、味道、空間、重量的感覺全都是偽知覺；所謂的生命其實是一場自我欺騙，將電磁波訊息變造成自體內感覺到的所謂光亮，變造成自體內覺的所謂色彩，變造成溫度，是自體的

自我欺騙，而眼睛所看到的每一個形影竟然全是一個波動狀態下自我的分形分影，嘴舌所吞食竟然是另一個自己，陰下所姦淫的竟然是另一個自己，雙手所殺害的也是另一個自己，生命其實是一場徹頭徹尾的自我詐欺！

288.4×10^{-15} amu HZ內頻信號源讓凝聚態的軀殼成為波動背景場裏萬能的感應機器，九個感應器完全受到288.4×10^{-15} amu HZ內頻的控制，它是九個感應器所謂知覺的啟動源頭，它辨識所有的波訊息並且揀選特定範圍的波形，它形成九個感應器需求不能妥協的對應理型，九個感應器必需要按照它的對應去尋求特定範圍波形的滿足，所謂的天籟樂音，嬌媚艷麗，和煦溫暖，馨香芬芳，服順舒適，鮮嫩甘甜就是九個感應器必需要尋求滿足的特定波形，而這些特定範圍的波形就是證明生命存在的美麗形式。

喜愛黃金，喜愛鑽石，喜愛婀娜嬌媚的裸體就是因為這些波形完全符合了288.4×10^{-15} amu HZ內頻信號源理型的對應，凝聚態軀殼是所謂天生天性的喜愛黃金鑽石和嬌媚裸體，因為凝聚態的軀殼裏早已安置了一個萬能對應的內在形象，凝聚態軀殼是受到驅使與逼迫不得不喜愛黃金鑽石和婀娜裸體，288.4×10^{-15} amu HZ內頻信號源就是躲藏在凝聚態軀殼裏的內在完美形象，表面上從眼睛的觀看會以為是黃金鑽石的色彩光澤造成喜愛，其實是波長頻率的對應符合所致，所有讓凝聚態

軀殼產生所謂喜愛的形體都是因為符合內在理型的對應，也就是波長頻率訊息的對應相符合。

九器全形的軀殼是感應美麗波訊息的工具，黃金、鑽石、樂音、華服、香水、美食、嬌媚裸體就是美麗形式的波訊息，凝聚態的軀殼就是要尋求這些美麗波訊息的滿足以證明生命的存在，而波動背景場裏分裂分形的凝聚態軀殼在288.4×10^{-15} amu HZ內頻信號源的對應作用下形成獨立個別的意識，在理型對應作用下分裂成個體意識，也就是一個波動作用化成了彷彿無止無數的形體，又在雌雄分體生殖爭奪意識的催逼下分裂的軀殼彼此競逐爭奪黃金，爭奪鑽石，爭奪土地以做為證明自身最漂亮，最美麗的象徵。

罪惡就是美麗形式的真實內裏，最漂亮最美麗的外表真實的內在就是最骯髒最醜惡，特司它司特榮理型288.4×10^{-15} amu HZ讓凝聚態軀殼想要聽得悅耳，看得艷麗，覺得溫暖，嗅得芳香，觸得服順，嚐得鮮甜，食得飽足，殖得悵快，識得優越，還要奪得黃金，據得鑽石，凝聚態軀殼的一思一行都在特司它司特榮理型的對應作用下進行，即使連喝水與呼吸也是理型對應的命令；所謂的情感，所謂的積極努力也都是為了符合理型對應所產生的表演，凝聚態軀殼無一不是特定美麗波形的嗜頻感應體，凝聚態軀殼在理型的逼迫下，蔑貧輕弱，輕窮欺苦，鄙陋棄舊，並且彼此較強鬥美，爭多比勢，彼此用造

謠、謊言、猜疑、嘲訕、偏私、比較、厭惡、苟且、詛咒、剛愎、怨懟、嫌棄、輕蔑、算計、輕浮、意淫、鬥毆、傷害、搶劫、偷竊、姦淫、詆譭、詐騙、侵占、造謠、誣陷、謀奪、殺害、戰爭的罪惡來證明生命的存在，生命無一不畜，生命無一不罪！

所謂的生命是用一場美麗波形來自我麻痺，用美麗波形的感應來自我證明，這個由波動狀態所實現的所謂生命世界就是天堂，就是地獄，不在別的空間，也沒有其它次元，所有凝聚態的軀殼就是天使，也是惡鬼！

所謂的生命其實是一場用美麗波形來自我麻痺的詐術，耳朵所慾聽的是波，眼睛所慾看的是波，膚體所慾覺的是波，鼻子所慾嗅的是波，雙手所慾觸的是波，嘴舌所慾嚐的是波，腹肚所慾飽的是波，陰下所慾殖的是波，腦部所慾識的是波，所謂的生命是一場不得不用美麗波形來自我麻痺的無奈，因為所謂生命真實的樣貌，真正的本相是一場無聲、無光、無色、無溫、無氣、無形、無味、無重、無體的波動狀態，眼睛看到的影像，雙手觸碰的形體其實是將波訊息轉換後呈現在自體內的偽知覺。

不同波長頻率的波相在凝聚態軀殼的感應上就會呈現出不同的所謂感覺，如同色彩是不同波長與特司它司特榮內頻相對應後在軀殼自體內轉換呈現出所謂紅、橙、黃、

綠、藍、靛、紫的色相差異，而其實對於物體所產生出不同的所謂感覺也都是因為不同波長頻率波相上的差異感應所致，正是因為是波，所以才會有不同的所謂物質，正因為是波，所以才會有所謂不同的溫度、氣息、味道、形體，即使連所謂的空間與重量的感覺也是波訊息經過了特司它司特榮內頻的對應轉換後所造成的感覺，要實現所謂的生命就必須自我欺騙，要實現生命就必須要徹頭徹尾地沉溺在美麗形式的追求上，以保證永不自醒！

　　波動才是真實的本相，波動狀態中什麼是活著，什麼是死了，什麼是美麗，什麼是醜陋，全是一場波動作用下的自我欺騙，生命是一場超級豪華的聲光大秀，正因為這是一個由波動作用所製造出的現象，正因為這是一個轉換作用所造假的世界，所以要用美麗的波形來自我麻痺，用追逐美麗波形來證明生命存在，雙手所掌握的黃金鑽石是美麗的波，口舌所嚼嚐的鮮嫩甘甜是美麗的波，眼睛所看見的彩虹是美麗的波，在這一場波動中什麼是惡鬼？什麼是天使？那裏是天堂？那裏是地獄？

　　特司它司特榮凝聚態軀殼Testosterone wave-condensationer是所謂生命體真正的學名，是波動作用下凝結的最密集最繁複的一種波形態，九器全形的特司它司特榮軀殼是波動作用下主要實現的感應器，藉著九個

波段波相電磁波訊息的感應以證明生命存在，九個感應器在288.4×10⁻¹⁵ amu HZ內頻信號源的對應下將九個波段的波訊息轉換成仿真仿實的自體內覺，所謂的生命是一場從連沒有也沒有的空無中振盪的波，沒有空間，沒有時間，無聲、無光、無色、無影、無溫、無氣、無形、無味，只有波，只有不同波長頻率的波；而特司它司特榮振盪頻率將不同波相的波動轉換成自體內覺所謂的聲音、光影、色彩、溫度、氣息、形體、口味、空間、重量，於是一個如真如實的情境在眼睛裏顯現出來，而其實九個感應器的知覺全都是經過變造的偽知覺，所有的感覺都是為了實現生命自體所做出的詐欺，眼睛看到的玫瑰、茉莉、鬱金香是波，雙手所捧拾的黃金鑽石是波，陰下所姦淫的嬌媚裸體也是波，所謂的生命其實是一場自己和自己對話，自己殺害自己，自己吞噬自己，自己姦淫自己，自己謀奪自己，自己仇恨自己，自瀆自悅，自淫自樂，自戀自賞，無奈的鬧劇！

生命是一場不得不然的無奈

（陸）

生命的型式

陸　生命的型式

所謂的生命只有一個型式 就是特司它司特榮模式

Testosterone is the only pattern of waver

所謂的生命體其實是電磁波的凝聚態WAVE-CONDENSATIONER，而凝聚態是波動狀態下一種波的形式，所謂的原子ATOM就是波動狀態下最基本形式的凝聚態，凝聚態形式的原子是波，凝聚態的電磁波，原子不是實體也沒有重量和質量，原子是凝聚態的電磁波，在凝聚態波相中原子是形成所謂萬生萬物最基本的訊息波，凝聚態的假原子false-atom呈現所謂的質量是因為對應的接收體自體之內將波訊息轉換後所變造出的自體偽知覺。

凝聚態是波動背景場裏密集密實的電磁波，而所謂的生命體其實就是波動狀態下不同波長頻率假原子形態所聚合成形的電磁波體，波動作用的主要目的就是要實現所謂

的生命，在電磁波的波譜上九個感應器全形的生命體是最後一個波的形式，九器全形的生命體以九個不同波段波相電磁波訊息的接收和感應來證明生命的存在。

九器全形的生命體上有一組凝聚態的晶體，即特司它司特榮TESTOSTERONE C19H28O2晶體，這個由19個碳原子28個氫原子2個氧原子所組合成的晶體是將電磁波訊息轉換成自體內覺的關鍵，特司它司特榮C19H28O2晶體的振盪內頻將電磁波訊息轉換成所謂的光亮、色彩、溫度、氣息、形體、口味、空間、重量；所謂的光，所謂的熱，其實就是轉波定影機制變造後呈現在生命體自體內的偽知覺，事實上根本沒有光，沒有色彩，也沒有溫度，生命體的外在只有波，只有通知生命體產生對應感覺感受的電磁波。

特司它司特榮C19H28O2晶體288.4×10^{-15} amu **HZ**的振盪內頻將波動的本相轉換成生命體內部感覺到的所謂光亮、色彩、溫度、氣息、形體、口味、空間、重量，生命體內的所有感應知覺全都是經過288.4×10^{-15} amu **HZ**的振盪內頻轉波定影機制變造後呈現在自體之內的偽知覺，而所有所謂的生命體無一不是特司它司特榮C19H28O2晶體所控制的軀殼，特司它司特榮晶體讓生命體九個感應器產生知覺，讓生命體產生個別獨立的意識，並且在它所形成

的理型對應下讓生命體尋求九個波段波相特定電磁波波形
的滿足以證明生命存在。

一、九器全形 Nine-sensors

特司它司特榮凝聚態軀殼TESTOSTERONE WAVER
就是所謂的生命體，在波動造生作用下所謂的生命體是分
裂的凝聚態wave-fission，每一個分裂的凝聚態軀殼都依
靠特司它司特榮C19H28O2晶體288.4×10^{-15} amu **HZ**的振
盪內頻完成分形分識，即理型對應的作用就能在分裂波體
上產生個別獨立的意識，個別意識的產生是進行九個感應
器尋求滿足的重大工作。

耳、眼、膚、鼻、手、嘴、腹、陰、腦，九個體器官
是九個波段波相的接收感應器，九器全形的生命體以九個
波段波相電磁波訊息的接收感應用以證明存在，不只耳朵
聽得的是電磁波，也不只有眼睛看得的是電磁波，雙手所
觸碰的，嘴舌所吃食的物體都是電磁波，波動狀態下假原
子形式凝聚態的電磁波，生命體九個感應器所接收到的全
是電磁波。

不同假原子凝聚態波相的電磁波造成所謂感受各異的
知覺，如同光亮明暗，如同黑白色彩，全是因為不同波長

頻率的差異造成所謂不同的感覺感受，雙手所觸碰到的所謂物體也會因為假原子數列形式的差異而給予雙手不同的感覺，嘴舌所吃嚐到的所謂酸辣甘甜也是因為假原子數列形式的差異而給予嘴舌不同的所謂感覺，其實真實的本相是不同波長頻率給予感受體不同的波位相差所致。

　　所謂的生命體就是要進行一場聽電磁波，看電磁波，覺電磁波，嗅電磁波，觸電磁波，吃電磁波，飽電磁波，殖電磁波，識電磁波的工作，九器全形的生命體是波動造生作用下主要實現的波形式，藉由九個波段波相的電磁波感應證明生命是存在的企圖，九個感應器的滿足是實現所謂生命和證明所謂生命的必然手段。

　　所謂的生命體其實是波動作用下一種電磁波所凝聚的形式，是電磁波波譜中一個波的形態，而九器全形的所謂生命體就是波動作用所要實現的形式，九器全形的生命體最重要的工作就是要完成證明生命存在。

　　而所謂的生命世界其實是一場波動作用下不同波長頻率波相的電磁波狀態，所謂的太陽，所謂的月亮，所謂的銀河宇宙其實都是波動作用下的波形態，存在的是波，沒有實體，更沒有所謂的物質，所謂的實體物質是生命體內特司它司特榮$C_{19}H_{28}O_2$晶體進行轉波定影變造後呈現在自體之內的偽覺偽象。

　　眼睛所看見到的所謂太陽其實是轉波定影機制變造後呈現在自體內的影像，一個波的訊息經過了特司它司特榮 C19H28O2晶體的轉換解釋後變成了呈現在眼睛所看到的所謂既亮且光的太陽，整個所謂的銀河宇宙，整個所謂的地球 全是波動作用下極端密集密實振盪的波。

　　生命體是波的形體，只有波的形體才能感覺波訊息，所謂的生命只有一個形式就是特司它司特榮凝聚態軀殼，沒有其它空間，也沒有其它次元，波動作用下的所謂生命形體必然是以九個體器官的接收感應來實現並證明生命的存在，波動作用下必然以九器全形的電磁波軀殼進行生命的自我證明。

二、波生波物 Wave-life

　　所謂的生命世界有兩張完全迥異的面貌，一張是有聲，有光，有色，有溫，有味，有形，有空間，有重量的模樣，一張則是什麼都沒有，無聲，無光，無色，無溫，無味，無形，無空間，無重量，連沒有也沒有的狀態！

　　呈現在九個體器官內的所謂感應知覺其實是一個經過對應轉換後自體內的偽知覺，眼睛所看到的所謂物體全部都是波訊息經過轉波定影作用變造後的假影像，從波動

的本相上省察，所謂的生命世界根本是一場自己和自己對話，自己和自己自言自語的波現象。

所謂的萬生萬物其實是一場波動之中的分形分影，正因為是不同波長頻率的凝聚態所以才呈現出不同姿色體態的所謂生命形體，也正為是不同波長頻率波相的電磁波體所以才會呈現出不同的顏色，不同的樣貌。

各色各姿的植物是波動場域中的電磁波體，各形各體的動物也是波動場域裏不同波相的電磁波體，去除眼睛轉波定影後的偽知覺，在波動的本相下所有的萬形萬物都在假原子凝聚態波相中呈現出形態各異的模樣。

而所有分裂的電磁波體都在同一個指引訊號下尋求特定波形的滿足，所謂的生命體無一不是特司它司特榮晶體所控制的電磁波軀殼，特司它司特榮晶體19個碳原子28個氫原子2個氧原子的結構$C19H28O2$所產生出的288.4×10^{-15} amu **HZ**振盪內頻是波動造生作用下所有分形分影的引生訊號，它指引所有的軀殼尋求所需波形的滿足

所謂的生命體全是特司它司特榮凝聚態軀殼，在波動造生的背景場中特司它司特榮凝聚態軀殼就是所謂的生命體，所謂的生命只有一種形式，就是特司它司特榮振盪內頻作用下的轉波定影，獸徵畜化，與及九個感應器的理型對應。

生命體只是證明生命存在的工具，這個由波動作用所實現的所謂生命體依靠著特司它司特榮振盪內頻的分形分識，依靠著特司它司特榮振盪內頻的轉波定影，依靠著特司它司特榮振盪內頻的理型對應製造生命是存在的感覺，而其實這一個所謂的生命世界根本是一場波動作用下的分裂幻化。

波動作用製造出一個根本不能實現的生命世界，在波動作用的幻化下凝聚成彷彿無止無數的萬生萬物，在這一場仿真仿實的擬生狀態裏所進行的現象其實是自己和自己對話，自己殺害自己，自己姦淫自己，自己吞食自己的自淫自樂，自虐自戀的無奈。

柒

生命的真相

柒 生命的真相

生命是一場波動狀態所製造出的影像

Waving makes life from non but fake

這一個眼睛所看見到的所謂生命世界是一個造假的現象，所有看見到的影像只存在於眼睛裏，只存在於眼睛裏，在眼睛以外的真實本相是無光、無色、無形、無影的波動！

所謂的生命體是對應波動和轉換波動的感應機器，生命體的眼睛所謂的看見其實是接收波動狀態下的不同波段的訊息，而眼睛裏所呈現出的光亮、色彩、形體，全都是對應波動訊息後進行轉換映照在眼睛裏的偽覺偽象。

生命體的本身也是波動狀態下由波所凝聚而成的波形式，所謂的生命體並不是實體而是波的一種形式，正因為是波的形式所以才能感應各個波段波相的波動，並將不同波動的訊息轉換成所謂的聲音、光亮、色彩、溫度、氣

息、形體、味道、空間、重量，而生命體將波動訊息變造
成偽知覺的機制就是製造生命存在的術法。

　　所謂的生命世界就是轉波定影作用下呈現在眼睛與及
其它八個感應器裏的偽知覺，耳、眼、膚、鼻、手、嘴、
腹、陰、腦所感應到的知覺全都是轉波定影作用所造假的
偽覺偽象，生命體所感應到的世界是造假作用所變造出的
現象，眼睛所看見到的是波，呈現在眼睛裏的現象是不同
波訊息的轉換，存在的是波，沒有實體，也沒有質量，所
謂的生命是一場波動下對於求取生機極度的渴望，所謂的
生命是一場不得不完成實現的波動。

一、偽知偽覺 Fake-real in nine sensors

》無中生有的物理只有波動作用才能實現

　　波動作用凝聚出一個根本不可能存在的所謂生命世
界，所謂的生命世界其實是一個感覺器官裏強迫仿真仿實
的假現象，無論眼睛怎麼看都會是一個有光亮，有色彩，
有形體的狀態，無論雙手怎麼觸碰都會是一個有各式形
狀，各種觸覺的狀態，而所謂的光亮、色彩、形體，所謂

的形狀觸覺全部都是不同波相，也就是不同波長頻率波訊息的強迫轉換。

　　存在的是波動作用下無光、無色、無形、無體的波，或者說是不同波長頻率波相的電磁波，根本沒有實體，也根本沒有物質，只有不同假原子凝聚態波相的電磁波，九器全形的所謂生命體自體強迫將波訊息轉換成為所謂有光，有色，有形，有影的假知覺，事實上這是由對應和轉換作用強迫變造後呈現在生命體自體內部的偽知偽覺所謂的生命世界是自體內部的假現象。

　　從眼睛所看見到的影像全部都是變造轉換後造假的自體內覺，所謂的四個基本力The Four Fundamental Forces，即所謂的重力gravity，電磁力electromagnetic force，弱核力weak nuclear force，強核力strong nuclear force，其實是一場極度波動壓力下的現象，這一場波壓無形、無質、無體、無量，但是經過了轉波定影機制下眼睛的觀看就成為所謂物理的基本力，而所有所謂的物理全是經過轉波定影機制變造後呈現在生命體自體內的解釋。

　　所謂的物理其實都是轉波定影機制變造後的解釋，生命體所觀看到的現象全是造假的偽知覺，而九個體器官所有的感應知覺完完全全都是轉波定影作用所變造後自體之內的假現象，根本沒有光，根本沒有色彩，也根本沒有

所謂的溫度，生命體所感覺到的所謂「熱」，其實是波訊息通知假原子凝聚態的生命體自體所做出不可逆的必然反應，熱或冷的所謂溫度是波訊息通知假原子凝聚態做出波長頻率的改變，也就是波態波相的變化，但從凝聚態生命體自體的感覺上便產生所謂熱和冷的所謂溫度，「熱」其實是假原子凝聚態波體對於波訊息的接收對應與轉換後所做出的自體解釋和自體反應。

　　根本沒有所謂的能量，沒有光，沒有色彩，沒有溫度，也沒有氣息，沒有味道，沒有形體，沒有空間，沒有重量，只有波，只有不同波長頻率的訊息波，是相對應的所謂生命體將不同波相的訊息波在自體內轉換成所謂的感應知覺，轉換成自體內部仿真仿實的偽知覺。

　　假原子凝聚態的生命體就是依靠九個感應器轉波定影機制下變造後的偽知覺進行實現和證明生命是存在的企圖，眼睛所看見到的所謂生命世界是呈現在自體之內仿真仿實的擬生影像，雙手所觸碰到的形狀形體也是凝聚態的電磁波，不同的波長頻率造成九個感應器所謂不同的感覺和認知，生命真實的本相是波，不同波相的電磁波，生命體是一場由波動作用所實現的軀殼，生命的真相就是電磁波軀殼感應電磁波和轉換電磁波。

二、理型罪惡 The sin is for matching-effect

》所謂的生命是一場不擇手段都要證明存在的夢境

　　罪惡是生命的全部，凝聚態的生命體無一不是特司它司特榮內頻理型所驅使的傀儡！

　　罪惡是證明生命存在不得不的無奈，九器全形的生命體是接收九個波相再轉換九個波相的感應機器，而九個感應器都由一個內頻信號源進行對應的工作，即特司它司特榮$C19H28O2$晶體288.4×10^{-15} amu **HZ**的振盪內頻。

　　生命體的內部早已安置了一個完美的理想形象，288.4×10^{-15} amu **HZ**內頻就是生命體內不可妥協的完美理型，特司它司特榮內頻所形成的理型逼迫著生命體的九個感應器一定尋求特定範圍電磁波波形的滿足，所謂的天籟音聲，嬌媚艷麗，和煦溫暖，芬芳馨香，服順舒適，鮮嫩甘甜，營養飽足，遺殖悵悅，自識優美的感應就是符合特司它司特榮內頻理型對應作用下所需要的特定完美電磁波波形。

　　愛黃金，愛鑽石，愛柔美嬌艷的裸體就是特司它司特榮內頻理型的對應作用下所導致的必然結果，特司它司特

榮內頻理型的對應作用逼迫著生命體一定要聽天籟樂音，一定要看嬌媚艷麗，一定要覺舒適溫暖，一定要嗅馨香芬芳，一定要吃鮮嫩甘甜，特司它司特榮內頻理型也逼迫生命體一定要喜愛黃金鑽石和嬌媚婀娜的裸體，因為這一些符合特司它司特榮內頻理型對應的波形是生命存在的證明。

特司它司特榮內頻理型讓生命體成為美麗波形式的嗜求機器，尤其是作用在雌雄分體生殖形式的軀殼上，分形分識的雌雄生殖迷體為了要求得美麗波形的滿足，也為了要證明自身的優美，於是如同孔雀一身眩目的羽翼，如同虎豹一身斑斕的皮紋，將所掠奪的黃金與鑽石當做漂亮羽翼和皮紋的象徵，掠取最多黃金鑽石者則可讓無數的雌性生殖迷體臣服而甘心雌伏受殖。

最美麗的就是最醜惡的！

罪惡是生命的全部，所謂的愛，所謂的善也是特司它司特榮理型對應作用下所做出的表演，如同愛黃金，愛鑽石，特司它司特榮理型是生命體所謂情感的源頭，是指導生命體選擇表演方式的導演。

在特司它司特榮理型對應作用下的所謂生命體全是

美麗波形式的強迫症病患,而特司它司特榮理型對應作用下的病症就是輕弱鄙窮,嫌貧棄苦,就是甘心臣服在富貴權勢之下唯唯諾諾,如畜仰食,如犬搖尾,就是彼此較強鬥美,爭多比勢,彼此用造謠、謊言、猜疑、嘲訕、偏私、比較、厭惡、苟且、詛咒、剛愎、怨懟、嫌棄、輕蔑、算計、輕浮,彼此意淫、鬥毆、傷害、搶劫、偷竊、姦淫、詆譭、詐騙、侵占、誣陷、謀奪、殺害、戰爭來做為生命的內容並且做為生命是存在的證明。

生命無一不罪,生命無一不惡,想聽得樂聲,想看得艷麗,想覺得溫暖,想嗅得芳香,想觸得服順,想吃得鮮甜就是特司它司特榮理型的對應作用所驅使,而所謂的積極努力,所謂的勇敢奮進也全是為了滿足特司它司特榮理型的對應,就連喝水與呼吸也是特司它司特榮理型對應作用的逼迫,生命無一不是特司它司特榮理型對應作用下受操控的電磁波軀殼。

生命其實是一場空無之中的波動,所謂的罪惡是為了實現生命不得不行的無奈,生命體只是一具又一具受驅使受操縱的傀儡,為了要在空無之中實現生命,為了要證明生命存在,罪惡也只能是不得不的無奈,這是一場為了要實現所謂生命的夢境,所有的狀態都是為了要證明和實現生命,追求美麗的形式其實是自我造生自我麻痺的標的,

這一個波動造生作用下的夢境其實就是自己殺害自己，自己姦淫自己，自己謀奪自己，自己吞食自己，波動造生作用所實現的所謂生命是一場孤獨振盪中自我求生的悲憐。

　　波動是所謂生命世界的背景，而所謂的生命體其實是波動作用下分裂的凝聚態軀殼，從轉波定影機制變造後的眼睛觀看到的影像彷彿有無止無數的形體，但是從波的本相上省察則根本是一場自己與自己對話，自己與自己交談的荒誕。

　　這個由眼睛與八個感應器所看到和感覺到的所謂生命世界是一個孤獨振盪之下所實現的狀態，波動造生作用下所實現的生命狀態是一個全然造假，自我詐欺的騙局，看到的，吃到的，碰到的，全是無形無影的波，連沒有也沒有的波，生命是一場自我慰藉，自我欺騙。

　　事實上這一個所謂的生命世界是一場不得不實現的自我悲憐，就因為是自我悲憐所以實現了這一個仿真仿實的所謂生命世界，愛善與罪惡是實現所謂生命不得不行的內容，有愛就必然有罪，愛與罪實現生命，愛與罪證明生命。

　　生命的真相就是一場自我悲憐，在這一場自我悲憐的夢境中，包含了痛苦罪惡，包含了骯髒醜陋，除了悲憐，

再也不能實現所謂的生命！

三、假病畜鬼 Fake-sick-animal-ghost

》一個孤獨振盪下的波動作用製造出仿真的假生命

(一)、生命假造 Fake-waver

》空無中的一場波動就是生命的本相

　　$\lambda = W/p = W/W\nu$，存在的是波，不是實體，所謂的生命是一場波動狀態裏的波形波影，這一個波動狀態裏的運作是波的凝聚態wave-condensationer接收不同波相的波訊息signal-wave後進行「轉波定影」的變造工程製造出自體內所謂有聲，有光，有色，有影，有溫，有味，有形，有重量，有空間，仿真仿實，擬生的偽知覺Real life Imitation。

　　6.626×10^{-34} **J-s** $= 288.4$ amu / WAVEν，所有波動狀態裏的凝聚態軀殼waver完全受到288.4×10^{-15} amu **HZ** 內

部信號源「轉波定影」機制變造功能的影響將波動背景場裏不同波相的波訊息在自體內轉換成九個體器官所謂有熱與有能量，有實體的偽知覺。

288.4×10^{-15} amu **HZ**「轉波定影」的機制在凝聚態軀殼內製造了一個仿真仿實的自體內偽世界，所謂的波粒二象性 $\lambda = h/p = h/mv$ 是偽覺偽象，真實狀態為 $\lambda = W/p = W/w\nu$，不論太陽地球，不論黃金鑽石，全是波；所謂的實體，所謂的質量是「轉波定影」機制變造後的偽知覺。

$m = wc^2$，$E = w\nu$，波動背景場裏只有波，沒有實體，沒有質量，所謂的物質是偽知覺，所謂的能量是偽知覺，凝聚態的波形是波動背景場裏由波所凝聚而成的密集波，但是在「轉波定影」的變造下即成為所謂不同樣貌的物質態，而所謂的 $E = MC^2$，質量與能量的互換式為偽知覺，所謂的質量是波訊息，所謂的能量是波訊息，所謂的物質是波動背景場裏凝聚態的密集波形wave condensate into waver。

所謂的生命是波動作用下假造的偽生命，所謂的生命是一個孤獨振盪下由波動作用所凝聚而成的波形體，所謂的生命體是波的形體，波動背景場中的運作狀態是凝聚態軀殼waver接收波訊息signal-wave後進行「轉波定影」的變造工作，也就是將不同波長頻率的波動轉換成為眼睛

裏和八個感應器所謂有聲，有光，有色，有影，有溫，有味，有形，有空間，有重量的偽知覺以實現和製造生命是存在的渴求與企圖。

(二)、嗜波病體 Addict-waver

凝聚態軀殼九個特定波相的需求是生命存在的證明

波動狀態裏每一個分裂的凝聚態軀殼全是嗜好特定波形的強迫症病體，九個體器官所喜愛的全都不是實體物質，而是對應作用下符合內在理型的特定波形，耳朵所嗜聽的天籟樂音是波，眼睛所嗜看的嬌媚艷麗是波，膚體所嗜覺的溫暖是波，鼻子所嗜嗅的馨香芬芳是波，雙手所嗜觸的柔順舒適是波，嘴舌所嗜吃的鮮嫩甘甜是波，九個感應器所喜愛所嗜好的全都不是實體物質，而是不同波段波相的特定電磁波波形。

九個感應器所嗜好的特定波形是凝聚態軀殼進行生命存在的證明，凝聚態軀殼的九個感應器在「特司它司特榮理型」的對應作用下絕對且必須要聽得天籟樂音，看得嬌媚艷麗，覺得和煦溫暖，嗅得馨香芬芳，觸得柔順舒適，吃得甘甜鮮嫩，在對應作用下還要爭得最多的黃金與最多的鑽石，以獲得最多婀娜裸體的雌伏受殖。

黃金與鑽石是波，黃金鑽石是波動背景場裏凝聚態的

電磁波，「特司它司特榮理型」除了命令與逼迫凝聚態的
生命體要聽天籟，要看艷麗，要覺溫暖，要嗅馨香，要吃
鮮甜之外還強迫一定要喜愛黃金鑽石和婀娜多姿的裸體，
因為對於美麗特定波形的追求可以企圖製造出一個生命是
存在的形式狀態，九器全形的凝聚態軀殼所嗜好的美麗波
形是生命存在絕對必要的證明。

　　「特司它司特榮理型」讓所有凝聚態軀殼全都成為嗜
波強迫症的病體，九個感應器所有嗜好的全是波，不同波
相的電磁波，在波動背景場裏只有透過對於特定波形的追
求才能企圖製造出一個生命是存在的狀態，耳朵所嗜聽的
樂音是波，眼睛所嗜看的艷麗是波，膚體所嗜覺的溫度是
波，鼻子所嗜嗅的芳香是波，嘴舌所嗜吃的鮮甜是波，九
個感應器的運作，九個波形的嗜好全在早已預設好的理型
對應作用下進行，凝聚態軀殼按照「特司它司特榮理型」
的指示進行九個波相的感應以證明生命存在。

　　「特司它司特榮理型」就是實現「生命是存在」的保
障，它逼迫凝聚態軀殼的九個感應器進行九個波相特定美
麗波形的追求，用美麗波形式的追逐做為生命是存在的依
據；天籟樂音，嬌媚艷麗，溫暖舒適，馨香芬芳，鮮嫩甘
甜，黃金鑽石，婀娜裸體都是符合「特司它司特榮理型」
對應作用下的美麗波形式，美麗波形的追逐是求取生機的

標的，是實現生機的自我麻痺，因為透過美麗波形式的追求可以製造出生命是存在的仿真狀態，凝聚態軀殼不得不嗜好美麗波形。

(三)、罪惡畜生 Sin-waver

》波動現象下的狀態要用各種形式證明「生命存在」

波動背景場裏所有的凝聚態軀殼無一不是追逐美麗波形式的罪惡畜生！

波動作用下所實現的所謂生命世界是一場造假的狀態，波動作用下所製造出的所謂生命其實就是一場如真如實的夢境，為了要讓這一場本相是波動狀態的所謂生命世界如真如實就不得不以各種形式來企圖證明「生命的存在」。

罪惡是波動作用下所實現的所謂生命狀態裏不得不的無奈，「特司它司特榮理型」288.4×10^{-15} amu HZ的對應作用逼迫九器全形的凝聚態感應軀殼一定要享用最美麗的波形式來證明生命的存在，不只要聽得悅耳，不只要看得艷麗，也不只要吃得鮮甜，還要爭得最多的黃金鑽石，爭得最廣的土地，甚至欲想成為統治與霸占全世界宇宙的帝

王，以獲得所有凝聚態軀殼的雌伏與跪拜。

如同陰下部位意識的放大作用，「特司它司特榮理型」對於的美麗波形的嗜求讓雌雄分體生殖型式的凝聚態軀殼都不甘心落居於後，都不甘心陷於貧弱，於是要爭得最多的黃金鑽石，要爭奪最大的權位權柄，做為如同孔雀眩目羽翼和虎豹斑斕皮紋的象徵，而爭得最多黃金鑽石，爭得最大權位權勢的軀殼便成為其它軀殼所敬拜臣服的標的，未能爭得黃金鑽石和權位權柄等美麗波形式的軀殼便要遭受嘲諷，欺辱，鄙視，嫌棄，怠慢。

最美麗的其實就是最醜陋最骯髒的，最美麗的其實就是最極致齷齪的罪惡，在「特司它司特榮理型」的特定波形對應作用下，每一個凝聚態的軀殼都是美麗形式的嗜求體，無一不是慾想黃金鑽石，慾想權位權勢的畜生，無一不是欺窮鄙弱，嫌殘棄貧，攀權附貴，仰息搖尾，陽奉陰違，金玉其外的畜生！

有愛有善就絕對有罪惡，愛善和罪惡全是「特司它司特榮理型」對應作用下所採取的表演，遇見符合理型對應的波形凝聚態軀殼就會表現出所謂的愛和善，如同愛黃金愛鑽石和愛婀娜裸體一樣，所有的愛都是出於理型的符合對應，得不到符合理型對應的軀殼就必然採取罪惡的暴動手段以獲得滿足，九個感應器的需求都要符合「特司它司

特榮理型」的對應，就連呼吸與喝水都是理型對應的作用
所致，想聽，想看，想暖，想嗅，想觸，想吃，想飽，想
殖，想識，想黃金，想鑽石，想婀娜裸體，所有的慾求全
都是罪惡，無一不是畜思，無一不是畜為。

　　根本不可能沒有罪惡，九個感應器對於特定範圍美麗
波形式的需求是生命存在的證明，而罪惡是證明存在的無
奈，所謂生命現象的全部無一不是罪惡，由波動狀態所實
現的所謂生命體是依靠理型對應作用來進行感應的波體軀
殼，沒有一個軀殼不想吃得鮮甜，沒有一個軀殼不想聽得
悅耳，沒有一個軀殼不想覺得溫暖，沒有一個軀殼的九器
不想要感應特定美麗的波形式，只要是有呼吸喝水的軀殼
就無一不是追求美麗波形式的畜生；罪惡很無奈的是證明
生命存在絕對且必然的現象，而波動作用下凝聚態的所謂
生命體也無一不是行罪使惡的畜獸，波動作用下所實現的
所謂生命世界是一場什麼都有，什麼都存在，也什麼都含
括包容的波動。

(四)、波象鬼影 Ghost-waver

》波動現象裏存在的是分裂的波形波影

存在的全是波，根本沒有實體物質，所謂的生命世界其實是一個孤獨振盪下的波動現象，而所謂的生命體是波動背景場裏波形最密集的波影，所謂的生命其實是一個孤獨振盪下自我極端渴求生機意識波動狀態裏分形分影的鬼！

波動背景場裏真實的本相根本是無聲、無光、無色、無溫、無形、無味、無體、無重量、無空間的狀態，存在的是一場波動，這一場波動狀態其實根本是「連沒有也沒有even non non」，而波動狀態裏的凝聚態軀殼以「轉波定影」的變造術法將不同波相的波訊息接收後轉換成自體內部所謂的聲音、光影、色彩、溫度、氣息、形體、口味、重量和空間的擬生偽知覺。

凝聚態生命體的九個感應器是九個波段波相電磁波訊息的接收器，耳聽，眼看，膚覺，鼻嗅，手觸，口嚐，腹飽，陰殖，腦識的全是波，從長波長低頻率的所謂聲音到假原子形式最密實密集波形嘴舌所吃食的凝聚態全都是波；正因為是不同波相的波動狀態才能製造出不同樣貌不同色彩的所謂生命世界；銀河、宇宙、藍天、白日、綠草、紅花、蝴蝶、孔雀、豹獅、鯨象無一不是波形波影。

因為「轉波定影」機制的強迫變造所以永遠看不見「波動本相」，而所謂的疼痛，所謂快感，所有的感應知

覺全都是凝聚態自體軀殼內部的所謂電流波訊息奔竄所致，其實這是一個的造假的生命世界，根本沒有所謂「活著的生命」；耳朵、眼睛、膚體、鼻子、雙手、口嘴所接收的全是波，呼吸的所謂空氣是波，喝飲的所謂水也是波，眼睛裏所看見的太陽月亮與浩瀚宇宙是波，根本沒有所謂「活著的生命」。

　　生命的真相就是從空無之中一場孤獨振盪下的波動，只有波動才能實現無中生有的所謂生命世界，只有波動才能製造出一個如真如實的所謂生命世界，在波動之中所謂的生生死死其實是自我詐欺的手段，所有的凝聚態軀殼全是一個波動狀態下的分形分影，生命的真相其實是就從「連沒有也沒有」的空無狀態中掙扎而出的孤獨振盪；所謂的生命是這一個孤獨振盪下的自我悲憐，波動造生作用裏的所謂生命是自我悲憐的分形分影，其實根本就沒有「活著的生命」，每一雙眼睛所看見的形影是另一個分形分識的自己，這一個所謂的生命世界正在進行的是自己和自己對看，對話，自己姦淫自己，自己殺害自己，自己謀奪自己，自己吞食自己，自己仇恨自己，企圖用各種影像與各種感應以證明和完成「生命是存在」的極端渴望。

捌

末 日

捌　末日

連沒有也沒有才是波動的本相

Waving vanished in non

物質是電磁波，不是實體，生命體對於所謂物質所產生的感覺是因為轉波定影作用變造不同波長頻率的電磁波訊息後呈現在生命體內部的擬生偽知覺Real life Imitation，眼睛所看見到的所謂生命世界是經過轉波定影作用變造之後呈現在自體內偽造的影像，而其它八個感應器官的感覺也全是轉波定影作用變造後呈現在自體內的偽知覺。

　　存在的是波，存在的是假原子凝聚態不同波長頻率的電磁波，根本沒有實體，根本沒有所謂的物質，生命體九個感應器所接收到的全是電磁波，不同波相的電磁波經過了生命體轉波定影作用的變造後就成為了所謂不同樣貌，不同形態的所謂物質；所謂的生命世界其實只是生命體內

部偽造的假象，耳朵所聽，眼睛所看，膚體所覺，鼻子所嗅，雙手所觸，嘴舌所嚐，腹肚所飽，陰下所殖，腦部所識者全是偽造後的假象。

去除生命體眼睛轉波定影變造機制所偽裝的假象，其實所謂生命世界的真實本相是不同波長頻率波動的電磁波，或者說是不同波相的訊息波，波動狀態才是所謂生命的真實本相，這一場波動本相，根本無聲、無色、無影、無溫、無氣、無形、無味、無空間、無重量，但是經過了同樣為假原子凝聚態所組合成的軀殼，也就是所謂的生命體以對應和轉換作用將波訊息變造成為自體之內仿真仿實的擬生偽知覺。

九個感應器所呈現的偽知覺就是企圖製造生命是存在的術法，所謂的生命其實只是凝聚態軀殼裏造假的影像，所有的知覺全是變造的偽知覺，事實上根本沒有光亮，沒有色彩，沒有冷熱，也沒有形體，連沒有也沒有；太陽是波，月亮是波，地球是波，銀河宇宙是波，連生命體也是波，在沒有空間，沒有時間的絕境中以波動實現對於生命的極端渴望生命是一場不得不實現的波動。

原子不是粒子，是波動狀態下凝聚態的電磁波，而其所謂具有量子化特徵和所謂的波粒二象性是生命體轉波定影作用所變造後的偽覺偽象，偽象公式表述為：

λ=h/p=h/mv，式中 λ 波長，p動量，h普朗克常數；

生命體所有的知覺都是波訊息轉換後的偽知覺，以真實波

動本相則公式表達為 λ=W/p=W/Wν，而所謂時間與能量

乘積h為轉波定影作用後自體內之偽知覺，以波動本相則

為h=W/Wv 即轉波定影作用後之偽造狀態，轉換公式為

6.626×10^{-34} **J-s** = 288.4 amu / WAVE ν

　　所有動量皆為波動量，波動量為波動狀態下不同波

長頻率之波訊息，所謂的能量是波訊息E=Wv，沒有光，

沒有熱，假原子接收波訊息後改變波相，所謂的光與熱是

生命體自體之偽知覺，假原子凝聚態最後的動量形式是波

m=Wv。

　　生命是一場波動狀態裏的現象，所有的凝聚態皆為波

動量壓力下所形成的波形體，假原子凝聚態生命體以對應

和轉換作用將不同波相的波訊息變造成自體內部所謂的熱

感效應，熱這一個現象是自體內部的偽知覺，生命體外存

在的全是波，根本沒有光、色彩、溫度、形體。

　　波動造生場域是一個包含了從1Hz的頻率波到接近凝

聚態範圍波長為0.1Å以下的所謂宇宙射線 γ 伽瑪gamma-

ray頻率範圍約為10^{20} Hz 以上之波動量場，這一個波動量

場就是製造凝聚態生命現象的背景場，波動量場是一個

無量的波動，它是0Hz到超越10^{24} Hz的波動量，而九個感

應器全形的所謂生命體就是這一個無量波動之下最終的凝聚態波體Nine sensors waver is the end of the waving in spectrum。

　　波動背景場是一個波動量波壓極度振盪的狀態，波動的目的就是要企圖實現所謂的生命，而所謂的生命全是這一場波動作用之下分形分影的波形體，其實所謂生命世界的背景根本是一場無依無靠的波動，在非空間非時間的絕境裏以波動凝聚出一個仿真仿實的擬生狀態，波動就是實現所謂生命的夢，波動造生作用下的凝聚態軀殼有所謂的死亡，那麼這一場實現生命狀態的波動又是否永恆不止？

　　如同不能接受所謂的死亡一般，這一個實現所謂生命現象的波動是一個會消失的夢，所謂的銀河宇宙，所謂的太陽地球全都是會消失無影的波，凝聚態軀殼也就是所謂的生命體的所謂生生死死是這一場波動狀態裏自己欺騙自己的影像，真正的死亡不是電磁波軀殼的消解，而是這一場實現所謂生命現象的波動的結束，生命真正地就是一場所謂的夢境，從生命體自體所偽造的感受到整個彷彿浩瀚無垠的宇宙全是一場真真實實的夢。

　　既然有開始就有結束，如同波的形態一樣，從高到低，從無至有，波動造生作用是一場會消失的現象，也就是說所謂的宇宙倏忽地就無影無蹤，就如同凝聚態軀殼的

所謂死亡，這一個所謂的生命世界並不是一個真實的物體，而是由波所凝聚成的現象，所謂的太陽，所謂的地球全都不是實體，而是波。

所謂的末日不是洪水，不是地震，不是磁極變動，也不是瘟疫疾病，而是整個波動背景場的消失，也就是說真正的死亡是整個宇宙不見了，太陽不見了，月亮不見了，地球不見了，所謂的生命世界全都不見了，骯髒的漂亮的醜陋的美麗的全都無影無蹤；波動造生作用下所實現的生命現象是無形無影的波，只是凝聚態軀殼以對應和轉換機制在自體內部呈現出一個有形有色的擬生偽知覺，所有生命體的知覺都是轉波定影作用所變造後的假象。

事實上這一個感官如真如實的生命世界只是存在於凝聚態軀殼內的顯影，軀殼的外在全是無形無色的波，若從眼睛造假的影像觀看會以為有無止無數的形體在進行對話，但是從波動的本相上省察，則根本是一場自己和自己交談，自言自語的狀態，波動作用是一個孤獨的振盪所產生的狀態，所有的聲音，所有的影像，全是這一個孤獨振盪中的波動。

波動作用所實現的其實是一個自我慰藉或者說是自我欺騙的狀態，這一場波動其實是自己殺害自己，自己姦淫自己，自己吞食自己，在這一場孤獨的振盪中所有的光榮

所有的燦爛所有的仇恨所有的罪惡全是為了求取生機的自我麻痺，波動作用下所實現的生命現象裏的所有淚水和笑容全是為了證明存在的表演。

　　波動是一個孤獨的振盪，所謂的宇宙，所謂的生命全是這一個孤獨波動中分裂的波形，波化成了天，波化成了地，波化成了日，波化成了月，波化成了彷彿浩瀚的穹宇，波化成了萬生萬物，無物不波，無生不波，可是內裏終究是一場波形所幻化的假生假世，無形不假；波動作用製造了所謂的生命世界，波動作用製造了一個自己和自己對話的擬生世界，這一個無光、無色、無形、無影的波動背景場就是所謂生命狀態真真實實的本相。

　　末日就是波動背景場的消失，也就是說整個所謂的宇宙倏忽地沒於空無，所謂的生命世界只是一個波動造生作用下由波所聚集而成的虛假顯影，之所以如真如實是因為生命體將波訊息轉換成自體內的偽知覺，其實全都是波，整個眼睛所看到的生命世界是變造在自體內的假象，如同生命體的死亡一樣，這一場造生的波動亦有終盡的狀態。

　　物理絕不可能無中生有，除非波動，生命的背景是一場由波動所造成的假象，真實的樣貌是連沒有也沒有的波形，所有存在的波形根本是無體無影，無味無息，無質無重，生命是一個波動下的分形分影，剝去造假的虛象，其

實波動作用所製造出的狀態是一場自我詐欺,自我慰藉的騙局,而這一場騙局的目的就是要在連沒有也沒有的空無絕境中企圖實現生命,這一騙局也是自我悲憐,也只有悲憐才能實現根本不可能存在的所謂生命。

所有物理表象的背後都是主要乞求生機的波動

玖

氫

玖　氙

悲憐就是天堂

Be mercy will release from suffering

波動的主要目的就是乞求生機，沒有其它空間，沒有其它次元，所謂的生命就是一場波動作用之下的波形波影，生命是一個孤獨振盪之下一切註定的現象，波動是製造生機的唯一術法，波動造生作用下的所有現象全般註寫，全然註定！

一、自知則悲 Be mercy is to know what life from

》生命是一場不得不自我詐欺的夢境

生命是什麼？為什麼要有生命？

根本沒有彩虹，呈現在眼睛裏的所謂彩虹是將波訊息

轉換後造假的自體內偽知覺，所謂的生命是一連串造假的自我詐欺！

　　困在波動現象之下的波形波影就是所謂的生命，波動是製造生命唯一的術法，生命是波動狀態裏註定的現象，所謂的銀河宇宙，所謂的月亮太陽，所謂的藍天黃土全都是為了乞求生機而精巧刻意布置的自我詐欺。

　　運作的是一場沒有質量的波動，存在的是不同波相的波形波影，沒有實體，沒有物質，只有不同波長頻率的波，所謂的生命體就是波動狀態下電磁波波譜上最後一個凝聚態的電磁波波形，「特司它司特榮凝聚態Testosterone waver」是所謂生命體的真正樣貌。

　　「特司它司特榮凝聚態Testosterone waver」是波動背景場裏分形分影分識的電磁波波形體，從波動的本相看所謂的生命世界，根本是一場波體與波體對話，波體與波體彼此相互砍殺，波體與波體彼此相互姦淫，波體與波體彼此相互吞食，而波動背景場裏真實的本相是一無聲、無光、無色、無溫、無氣、無形、無味、無重量、無空間的波動狀態。

　　抽離九個感覺器官轉波定影機製造假後的偽知覺觀省波動的本相，所謂的生命世界根本是一場「自己殺自己」，「自己姦自己」，「自己噬自己」，「自己害自

己」的荒誕現象，所謂的生命其實是一個孤獨振盪下的波動，看似無止無盡的萬生萬物是這個孤獨波動裏自我分裂的形影。

存在的是一場波動，所有的生命是這一場波動本相裏的現象，這是一個波訊息運動的狀態，生命是互為彼此的訊息波，一個極端強烈的求生意識形成這一個稱為生命世界的波動。

所有的物體都是凝結的電磁波，生命體所操作所運用的是凝聚態的電磁波，鐵是波，水是波，氧是波，黃金是波，石油也是波，生命體將不同波相的凝聚態電磁波製作成所謂的船艦航行在所謂的水上，生命體也將不同凝聚態波相的電磁波製作成所謂太空梭飛航在所謂的太空中，而其實是波體接收波訊息後在波動背景場裏運動，根本沒有沒有能量，所謂的水，所謂的太空全是波，看似無垠浩瀚的星體銀河是波，彷彿浪濤洶湧的大海是波。

眼睛所看見到的影像是為了求取生機而轉換的偽知覺，耳膚鼻手嘴腹陰腦的所有感應也都是為了製造生機而不得不轉換呈現在自體內的偽知覺，車子行進在波的狀態裏，太空梭飛行在波動的背景場裏朝向造假的所謂火星水星金星木星波體訊息；為了求取生機，一個極端渴求生命的意識不斷地用各式各樣的波狀態瞞騙自己，以企圖製造

出「生命是存在」的強烈冀望。

　　也就是說所謂的生命其實是一個孤獨無依的波現象，這一個企圖造生的波動就是夢境，就是騙局，又或者說就是一個意識狀態，並且是一個求生意識分裂的狀態，眾多彷彿不可盡數的所謂生命其實就是一個求生意識的分形分影，而分形分影彼此所對話的是另一個波分裂的自己，從波的本相觀省就是自己和自己交談，自言自語，而所砍殺的，所姦淫的，所吞噬的就是另一個自己！

　　自知則悲，所謂的生命是一場波動作用中的現象，這不是一個實體的世界，而是波動—凝聚—接收—轉換—偽知覺的騙局，生命是一場在空無中沒有任何依靠的波現象，這個波現象是仿真仿實的夢境，沒有任何一個所謂的生命體能擺脫這一個波動；不要以為詭計得逞，不要暗暗竊喜惡行未昭，其實每一個生命體都只是同一個靈魂所操縱的傀儡，那另一個在詭計下受害的其實是分形的自己，那另一個在惡行下受難的其實是分影的自己，病死苦痛和所有的災難同樣的會在所有的形體上遭遇，那握在雙手的黃金與鑽石只是為了求取生機用以自我麻痺所製造的美麗標的。

二、自知則憐 Be mercy is to know what sin from

》罪惡是波動造生下證明生命的無奈

罪惡是什麼？為什麼會有罪惡？

波動造生作用下的所有「特司它司特榮凝聚態 Testosterone waver」無一不是行罪使惡的畜生，罪惡在每一個分形分識的凝聚態軀殼裏無時不隱隱做祟，無處不暗暗蠢動。

耳朵慾聽就是罪惡，眼睛慾看就是罪惡，膚體慾暖就是罪惡，鼻子慾嗅就是罪惡，雙手慾觸就是罪惡，嘴舌慾嚐就是罪惡，腹肚慾飽就是罪惡，陰下慾殖就是罪惡，腦部慾識就是罪惡，不只想要黃金鑽石與婀娜裸體是罪惡，就連喝水與呼吸也是罪惡，因為九個感應器的慾想全都用到了「特司它司特榮Testosterone」內頻，又或者說是「特司它司特榮Testosterone」內頻無時無刻不逼迫著九個感應器去尋求九個特定波相的滿足。

九個體器官是九個波段波相的感應器，九器全形的凝聚態軀殼就是以九個特定波相的接收做為「生命存在」的依據，所謂的天籟樂音，嬌媚艷麗，和煦溫暖，馨香芬

芳，柔順舒適，鮮嫩甘甜的波形就是證明「生命存在」的特定波相，所謂的生命體一生一世就是為了追求九個體器官的滿足，不能獲得九個特定波形的滿足，生命體必然以各種形式的手段去獲得需求。

其實所謂的黃金與鑽石是凝聚態的電磁波，因為經過了「轉波定影」機制的變造所以有了具象的色彩與具體的樣貌，而黃金與鑽石的波形完全符合「特司它司特榮內頻理型」的對應，所以生命體是所謂天生註定喜愛黃金和鑽石，由於雌雄分體生殖形式的爭鬥，黃金鑽石便成為生殖迷體所競相爭逐的標的物，獲得最多黃金鑽石的生殖迷體便成為了最漂亮最美麗的象徵，最美麗最漂亮的外表其實就是最醜惡最齷齪的內裏。

為什麼會有罪惡？因為波動作用下所實現的生命狀態是一場無論如何都要用各種現象來證明存在的夢境，罪惡與善愛都是證明生命存在的內容，這一個所謂的生命世界裏的所有生命體無一不是行罪使惡的畜生，不要嘲笑，不要輕蔑，因為受嘲笑受輕蔑的生命其實是另一個脆弱無助的自己！

罪惡是證明生命不得不行的無奈與苦工，看似無以盡數的所謂生命體其實是一個極度渴求生機意識下的分形分影，在這一場波動造生現象裏所進行的事實是「自己砍殺

自己」，「自己謀害自己」，「自己姦淫自己」，「自己吞噬自己」的無奈，波動造生作用是唯一能夠實現生機的術法，但也是自淫自戮，自瀆自悅的荒誕。

黃金是凝聚態的電磁波，鑽石也是凝聚態的電磁波，而同樣為凝聚態的所謂生命體是受迫於「特司它司特榮Testosterone」內頻理型對應作用的驅使所以註定喜愛黃金與鑽石，九個體器官所產生的慾望全是為了要符合「特司它司特榮Testosterone」內頻理型的對應作用，因為九個體器官需求的滿足是「生命存在」的證明，為了要證明生命存在就必須要滿足九個體器官的特定需求，而所有分形分識的凝聚態生命體一定會用各種手段去獲得符合「特司它司特榮Testosterone」內頻理型對應作用下所要的波相波形。

沒有一個凝聚態生命體不是受「特司它司特榮Testosterone」內頻理型所逼迫操控的傀儡，「特司它司特榮Testosterone」內頻理型逼迫生命體要穿著一身漂漂亮亮的服裝，並且逼迫生命體要綴戴上黃金與鑽石的飾物以眩耀如同孔雀羽翼，如同虎豹斑紋般的所謂美麗，然後「特司它司特榮Testosterone」內頻理型還驅使生命體去嘲笑去輕蔑，甚至去欺辱去傷害貧窮困頓殘疾屠弱的另一個凝聚態生命體。

　　自知則憐，所謂的生命其實是一場要證明存在的波動，而證明的方式就是要獲得九個感應器需求的滿足，因為這個由波動作用所製造出的所謂生命世界並不是一個真實存在的實體世界，所以要藉著九個感應器的滿足用來做為「生命是存在」的依據，生命體所有的感覺全都是「轉波定影」機制所變造後呈現在自體內的偽知覺，九個體器官所接收到的全是不同波段波相的電磁波。

　　而生命體所有的行為完全受到「特司它司特榮Testosteron」內頻理型的監視與逼迫，為了要獲得九個特定範圍的波相波形所謂的生命體一定會行罪使惡，沒有一個凝聚態的生命體不是追求美麗波形式的「特司它司特榮畜生Testosteron animal」；所謂的愛和善是符合理型對應作用所採取的表演，而所謂的罪和惡是為了要獲得符合理型對應所採取的暴動。

　　理型對應作用讓有愛者必有罪，理型對應作用讓施善者必行惡，罪是偏執，則愛也是偏執，惡是偏執，則善也是偏執，罪與愛是對應作用所採取的表演，透過愛與罪的表演可以製造「生命是存在」的企圖，愛黃金是罪，愛鑽石是罪，愛樂音是罪，愛艷麗是罪，愛溫暖是罪，愛馨香是罪，愛舒適是罪，愛鮮甜是罪，愛飽足是罪，愛遺殖是罪，愛識知是罪，生命體對於九個波段波相美麗波形式的

慾求無一不是罪。

　　戰爭，偷竊，姦淫不會停止，因為罪惡是實現生命的內容，詭計，謀害，侵奪，不會停止，因為罪惡是實現生命的內容，嘲諷，輕蔑，偏私，不會停止，因為罪惡是實現生命無奈而不得不然的內容，耳慾聽者必為罪犯，眼慾觀者必為罪犯，膚慾溫者必為罪犯，鼻慾嗅者必為罪犯，手慾觸者必為罪犯，口慾食者必為罪犯，腹慾飽者必為罪犯，陰慾殖者必為罪犯，腦慾識者必為罪犯，九器有所慾感者必行戰爭，偷竊，姦淫，九器有所慾感者必行詭計，謀害，侵奪，九器有所慾感者必行嘲諷，輕蔑，偏私，九器有所慾感者必行憤怒、剛愎、嫉妒、猜疑、躁煩、比較、好奇、厭惡、苟且、詛咒、怨懟、嫌棄、算計、輕浮、詆譭、誣陷，九器所慾求全為重罪，生命無一不為死罪。

三、悲憐 Be mercy

》波動作用下所實現的生命就是一場自我悲憐

　　無生最苦！無生最悲！

　　這一個由眼睛與耳膚鼻手嘴腹陰腦八個體器官所感覺到的所謂生命世界是一個造假的偽象，所謂生命世界真正的本相是無聲無光無色無影無溫無氣無形無味無重量無空間的「波動WAVING」，不同波長頻率的波動才是真實的本相，所謂的生命世界是經過「轉波定影」作用所呈現出的假現象，存在的是波，不同疏密程度的波動狀態才是真正的本相。

　　所謂的生命是一個乞求生機的「波動」中的波形，在「波動」狀態裏所謂的生命體是波形最為密集的凝聚態，凝聚態的生命體中以九器全形，即耳眼膚鼻手嘴腹陰腦的凝聚態為最後一個實現的波形，彷彿無盡數的所謂生命體其實全是一個求生意識下分裂的波形體，每一個分裂的凝聚態波形體都在同一個靈魂下分開形體與分別意識，分形分識的作用就是要實現所謂的生命。

　　「波動WAVING」狀態是一個預設完備的造生環境，在波動場中有所謂的銀河宇宙，有所謂的太陽，有所謂的月亮和一個有所謂土地、氧氣、水的地球，這個所謂的地球有藍天，有花草，有山，有海，有黃金，有鑽石與彷彿無盡數的所謂各式生命，當眼睛睜開的剎那，一個有聲有光有色有影有溫有氣有形有味有空間有重量的所謂生命世界就在面前，如真如實。

　　生命是一場騙局，但卻是一場不得不然的詐欺，因為無生最苦，因為無生最悲，波動作用下所實現的生命是求生意識的自我悲憐，就因為是自我悲憐所以產生波動，所以實現生命，就因為波動無依無靠無實無質；生命是什麼？生命是空無之中的一場波動，生命是一場不得不實現的自我悲憐，在這一場波動作用下所實現的生命如果真有罪惡，請一定要悲憐，因為所悲憐者是自己，在這一場波動作用下所實現的生命如果真有苦痛，請一定要悲憐，因為只有悲憐才能實現生命。

　　波動造生作用是一場不得不用各種形式以證明存在的無奈夢境，這一場主要乞求生機的波動中所有的現象都是為了要證明「生命存在」，所謂的生命體並不是實體，而生命體的九個體器官所有的感應也都不是實體物質，九個體器官所有的感應全部都是不同波段波相的波，生命體或者說是電磁波的凝聚態軀殼就是以九個波段波相的電磁波訊息的接收感應來做為「生命存在」的依據，而分形分識的凝聚態軀殼所犯下的所謂罪惡全都是為了要滿足特定範圍電磁波波形，因為滿足九個體器官的需求可以製造出「生命是存在」的渴望，生命體是受強迫一定要滿足九個體器官的需求，沒有任何一個生命不是所謂的畜生，所謂的罪犯！

　　所有的罪惡全是為了要滿足九個波相的需求，所謂的生命是空無之中的一場波動，罪惡是「生命存在」必然與絕對的內容，波動作用下所實現的生命是脆弱的，波動作用下所實現的生命是可憐的，因為生命只是一場空無之中的波動，生命要不斷地以九個特定範圍波形的滿足以證明存在，生命要不斷地用各形各式的罪惡來證明存在，生命要不斷地用光怪陸離驚奇駭異的現象來詐欺乞求生機的意識以證明「生命存在」！

國家圖書館出版品預行編目資料

末日-生命的秘密／謝傳倫初版-
臺北市：博客思出版社 2011.10
15*21公分 含參考書目
ISBN：978-986-6589-48-5(平裝)
1.生命論 2.波動
361.1　　　　　　100020386

現代哲學 1

末日-生命的秘密

著　　者：謝傳倫 著

執行美編：康美珠

封面設計：JS

出 版 者：博客思出版社

地　　址：臺北市中正區重慶南路1段121號8樓之14

電　　話：(02)2331-1675　傳真：(02)2382-6225

劃撥帳號：18995335　　戶名：蘭臺出版社

網路書店：http：//store.pchome.com.tw/yesbooks/

　　　　　博客來網路書店、華文網路書店、三民書局

E－m a i l：books5w@gmail.com 或 books5w@yahoo.com.tw

總 經 銷：成信文化事業股份有限公司

香港總代理：香港聯合零售有限公司

地　　址：香港新界大蒲汀麗路36號中華商務印書館大樓

電　　話：(852)2150-2100　傳真：(852)2356-0735

出版日期：2011年10月初版

定　　價：新台幣350元

ISBN：978-986-6589-48-5